LOGAN의

유한요소법 첫걸음

ANSYS 예제집

LOGAN의

유한요소법 첫걸음

ANSYS 예제집

태성에스엔이 지음

CENGAGE

Andover • Melbourne • Mexico City • Stamford, CT • Toronto • Hong Kong • New Delhi • Seoul • Singapore • Tokyo

지은이 소개

태성에스엔이

㈜태성에스엔이는 국내 CAE 산업을 선도하는 전문 기업으로서 1988년부터 공학용 소프트웨어의 공급, 교육, 컨설팅 분야에서 핵심적인 역할을 수행하고 있다. 그 축적된 경험과 기술력은 오늘날 광범위한 산업과 교육에 활용되고 있으며, 최근 전 산업에 걸친 엔지니어링 기반의 One Stop Total Solution을 제공하기 위한 라인업 구축의 포문을 열었다. 대한민국의 공학 기술과 서비스의 우수성을 전 세계에 알리는 글로벌 엔지니어링 솔루션 및 제품 개발 그룹으로 성장할 비전을 가지고 있는 ㈜태성에스엔이에 대한 자세한 사항은 홈페이지(www. tsne.co.kr) 및 공식 SNS에서 확인할 수 있다.

LOGAN의
유한요소법 첫걸음 ANSYS 예제집

제2판 1쇄 인쇄 | 2018년 8월 24일
제2판 1쇄 발행 | 2018년 8월 31일

지은이 | ㈜태성에스엔이
발행인 | 송성헌
발행처 | 센게이지러닝코리아㈜
등록번호 | 제313-2007-000074호(2007.3.19.)
주　소 | 서울시 마포구 상암산로 76 YTN 뉴스퀘어 14층
전　화 | 02) 330-7000
이메일 | asia.infokorea@cengage.com
홈페이지 | www.cengage.co.kr

ISBN-13: 978-89-6218-440-2

공급처 | 한티 미디어
주　소 | 서울시 마포구 연남로1길 67(연남동)
도서안내 및 주문 | TEL 02) 332-7993~4 FAX 02) 332-7995
E-mail | hantee@empal.com

정가 10,000원

머리말

유한요소법은 다양한 공학적 문제를 효과적으로 해석할 수 있는 대표적인 수치해석 기법으로 자리매김하였다. 주어진 문제와 조건에 대해 유한요소법을 올바르고 효율적으로 이용하기 위해서는 유한요소법의 기본 개념에 대한 명확한 이해를 바탕으로 유한요소 전산프로그램을 익숙하게 사용할 수 있어야 한다. 비교적 간단한 문제에 대해서는 직접 유한요소 프로그램을 작성하여 적용할 수도 있지만, 복잡한 조건을 고려해야 하는 대부분의 실제 문제들을 해석하기 위해서는 이미 만들어진 상용 프로그램을 사용하는 것이 일반적이다.

이 별책은 최근 역자들이 번역한 "Logan의 유한요소법 첫걸음" 제6판 본책에서 사용된 예제 혹은 연습문제 중에서 대표적인 문제들을 선별하여 국내에 가장 많이 보급되어 있는 범용 유한요소 프로그램인 ANSYS 프로그램으로 풀어 정리한 것이다. 독자들이 본 책의 내용을 학습하면서, 트러스 문제부터 3차원 응력해석, 비정상 온도해석까지 다양한 종류의 해석을 수행해 봄으로써 각각의 주제에 대한 활용법을 효과적으로 익히고 경험할 수 있도록 하였다.

별책의 본문에서는 해석에 필요한 모델링, 자료 입력과 해석 수행의 단계를 간단히 정리하여 본책에서 제시된 해석의 단계와 연계하여 이해할 수 있도록 하였다. ANSYS를 이용한 상세한 풀이 과정은 동영상으로 제작하여 독자들이 쉽게 따라하면서 배울 수 있도록 제공하였으며, 문제 우측의 QR코드를 스캔하여 간편하게 예제별 동영상을 확인할 수 있도록 하였다. 이 별책에서 제시된 예제 및 프로그램 사용 질차를 따라 학습을 수행하면 좀 더 복잡한 형상의 구조물에 대한 고등 해석도 체계적으로 수행할 수 있을 것이다.

이 별책을 집필하고, 학습 효과를 극대화하기 위해 ANSYS 프로그램을 이용한 풀이 과정 동영상을 제작해주신 ㈜태성에스엔이의 이범수 부회장님과 관계자 여러분들, 그리고 정성을 다하여 별책을 만들어 주신 ㈜센게이지러닝코리아의 관계자 여러분들께 고마움을 전한다.

2018년 8월

신종계, 김도년, 김유일, 오창국, 이용신, 조성욱

차례

CHAPTER 01

개요

1.1 ANSYS 소개

이 장에서는 유한요소 해석 프로그램 ANSYS를 사용하는 데 필요한 기본적인 몇 가지 사항에 대해서 소개하고자 하며, 홈페이지 www.tsne.co.kr을 방문하면 ANSYS에 관한 더욱 자세한 정보를 얻을 수 있다. (예제집 문제의 전체 풀이과정은 https://www.etsne.com/ 혹은 문제 우측의 QR코드를 스캔하여 간편하게 확인 가능)

ANSYS는 1970년 공학 문제의 해석을 위해 미국의 John Swanson 박사가 개발한 유한요소 해석 프로그램이다. 초보자부터 전문가에 이르기까지 모든 엔지니어들이 직면하고 있는 문제에 쉽고 정확한 해석 방식으로 종합적인 해결 방법을 제공하고 있으며, 현재 전 세계적으로 5,000군데 이상의 기업체와 6,000개 이상의 대학에서 사용되고 있다. 국내에서는 자동차, 중장비, 전기 · 전자, 우주 항공, 원자력, 조선, 건설, 플랜트, 기계 부품 등 300여 군데 이상의 산업체와 연구소 및 100여 개 대학에서 신제품 개발과 연구용으로 사용되고 있다.

1.2 ANSYS의 특징

FEA (Finite Element Analysis) 프로그램들은 보통 형상과 유한요소 모델링 등을 수행하는 전처리기(Pre-Processor), 주어진 모델을 가지고 실제로 계산을 수행하는 해석기(Solver), 계산된 결과를 출력, 분석할 수 있는 후처리기(Post-Processor)의 세 가지 작업 모듈이 필요하다. 하지만 ANSYS는 이 세 가지 모듈이 통합되어 있어 전 · 후처리를 위한 별도의 프로그램 없이도 작업을 수행할 수 있기 때문에 편리하게 해석 작업을 할 수 있으며, 쉽고 다양한 기능을 갖추고 있어 초보자도 어려움 없이 사용할 수 있다. 또한 뛰어난 해석 기능과 최적 설계 기능 등을 두루 갖추고 있어 전문가들의 요구에도 부합하는 프로그램으로 세계적으로 인정받고 있다.

1.3 하드웨어 요구사항

ANSYS Workbench는 범용 유한요소 해석 프로그램으로 시스템 자원을 비교적 많이 필요로 하는 대형 응용 프로그램에 속한다. 따라서 몇 가지 기본적인 사항이 충족되어야만 무리 없이 ANSYS를 실행할 수 있다. 보조기억장치의 경우 프로그램 설치를 위해 필요한 최소 공간이기 때문에 설치 이후에 프로그램 구동에 필요하게 되는 추가 작업 공간까지 고려해야 한다. 보다 자세한 내용은 ANSYS 홈페이지의 Platform Support를 참고하길 바란다(표 1.1).

ANSYS Workbench 설치를 위한 최소 시스템 사양	
중앙처리장치 (CPU)	Intel, AMD 사의 제품
메모리 (RAM)	최소 4 GB 이상
보조기억장치 (HDD)	25 GB 이상
그래픽 출력장치 (VGA)	- AMD : RirePro, FirePro W, Radeon Pro - NVIDA Quadro 또는 AMD FirePro - Intel : Iris Pro Graphics - OpenGL을 사용할 수 있어야 함
운영체제 (O/S)	- Windows 7, Windows 8, Windows 10 (Professional & Enterprise) - Windows Server 2012 R2, Windows Server 2016 - Linux, CentsOs 7.3 지원 (자세한 사항은 Platform Support 참고)

표 1.1 ■ ANSYS Workbench 설치를 위한 최소 시스템 사양

1.4 ANSYS Workbench 설치 파일 다운로드

1. https://www.ansys.com/academic에 접속한다.
2. 그림 1.1과 같이 Free Student Software의 DOWNLOAD NOW를 선택하여 학생용 무료 프로그램 다운로드 홈페이지로 이동한다.

그림 1.1 ■ 학생용 무료 다운로드 페이지 접근 방법 (1)

3. 그림 1.2과 같이 학생용 무료 프로그램 다운로드 페이지에서 "ANSYS Student"를 선택 후 아래의 "DOWNLOAD ANSYS STUDENT 19.0"을 클릭한다.

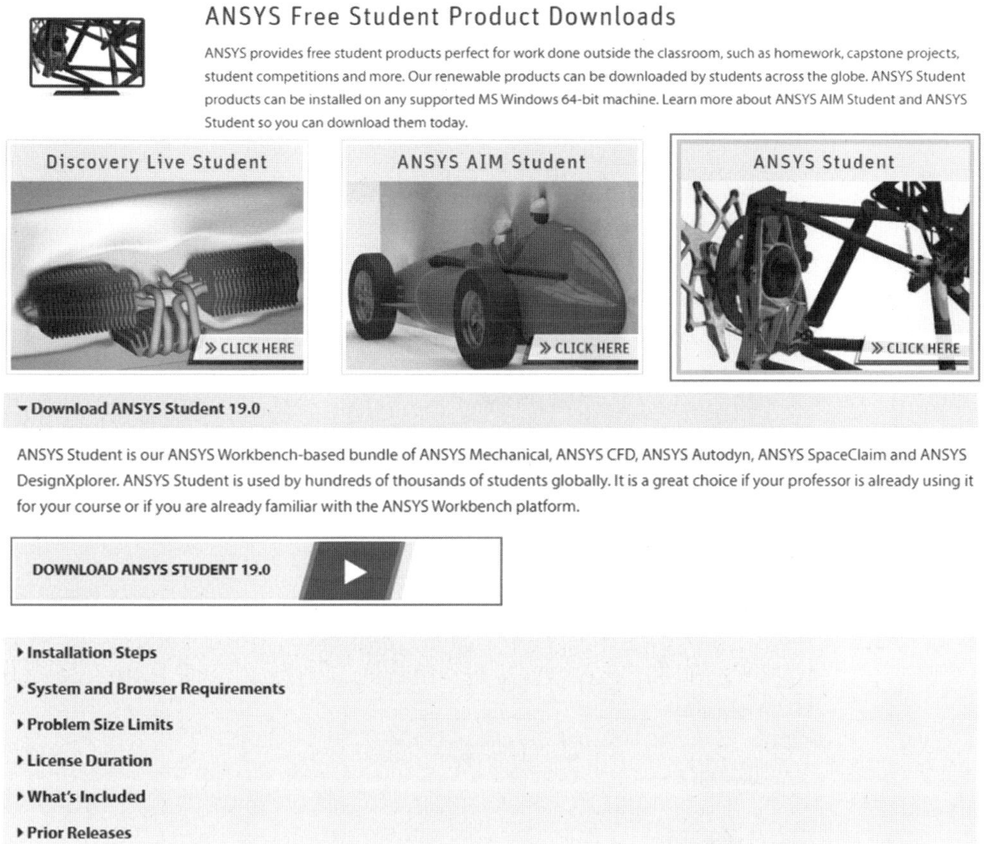

그림 1.2 ■ 학생용 무료 다운로드 페이지 접근 방법 (2)

4. 다운로드를 클릭하면 그림 1.3과 같이 창이 출력되고, "AGREE & DOWNLOAD"를 선택하면 압축파일 다운로드가 시작된다.

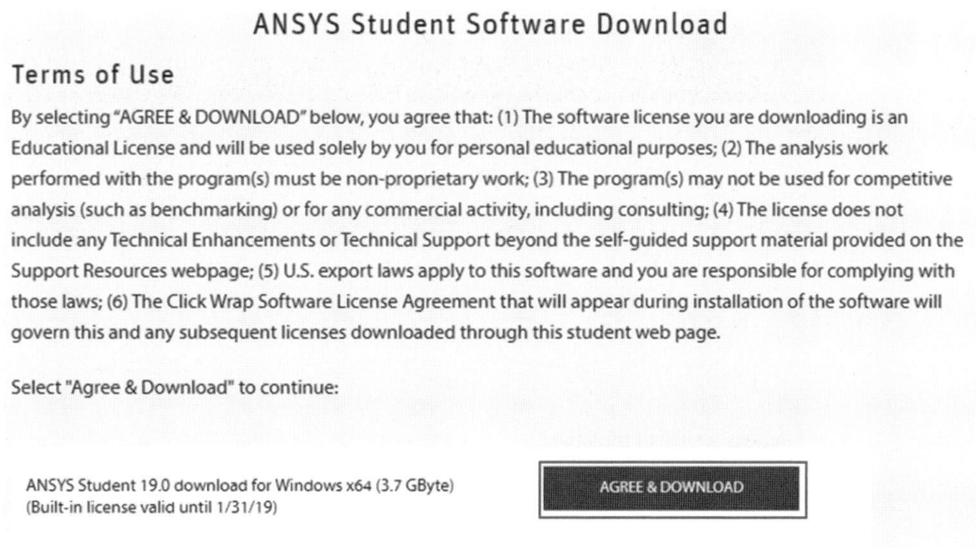

그림 1.3 ■ 학생용 무료 다운로드 페이지 접근 방법 (3)

1.5 ANSYS Workbench 설치하기

1. 다운로드 폴더 경로로 이동하면 "ANSYSACADEMICSTUDENT_190_WINX64.zip" 이라는 압축 파일이 생성되어 있으며, 압축을 해제한다.
2. 폴더 안에서 "setup.exe"라는 파일을 선택 후 마우스 우측을 클릭하여 관리자 권한으로 실행한다(그림 1.4).

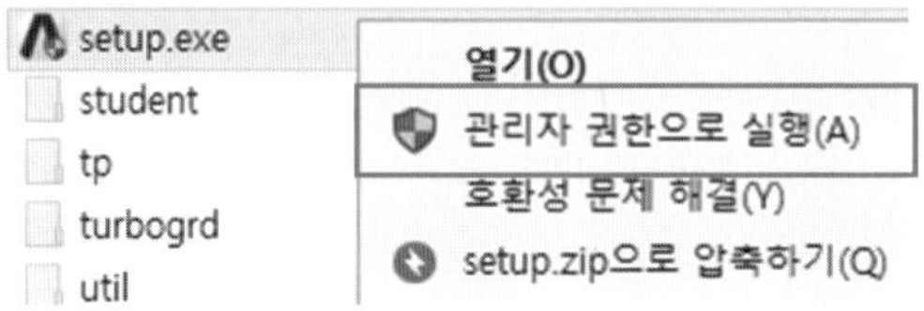

그림 1.4 ▪ Setup.exe 설치 파일을 관리자 권한으로 실행하는 방법

3. 라이선스 정책 동의 창에 있는 "I AGREE"를 선택 후 "Next >"를 클릭한다(그림 1.5).

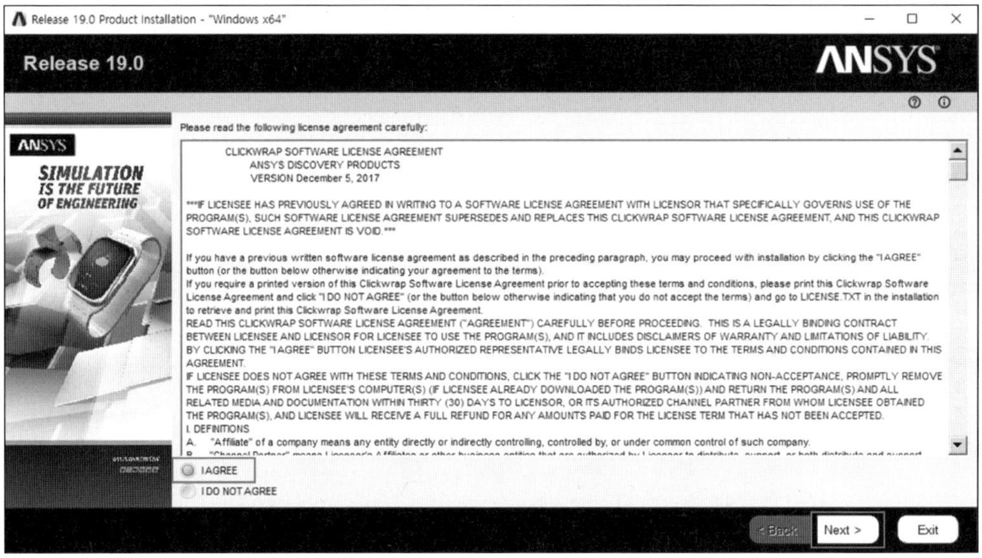

그림 1.5 ▪ ANSYS 설치(1) – 라이선스 정책 동의하기

4. 설치 경로를 선택 후 "Next >"를 클릭한다(그림 1.6).

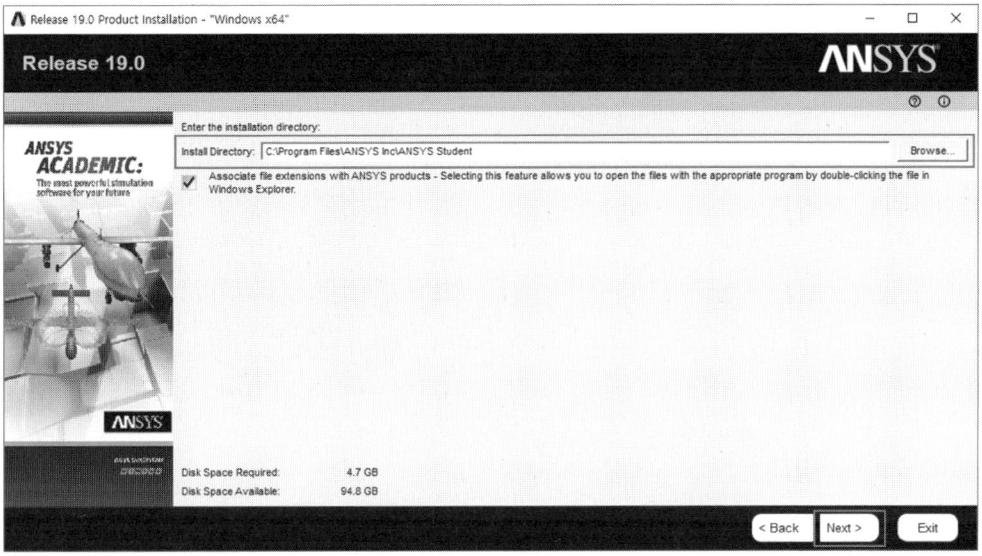

그림 1.6 ■ ANSYS 설치(2) – 설치 경로 지정하기

5. 설치가 완료되면 "Exit"를 클릭하여 설치를 종료한다(그림 1.7).

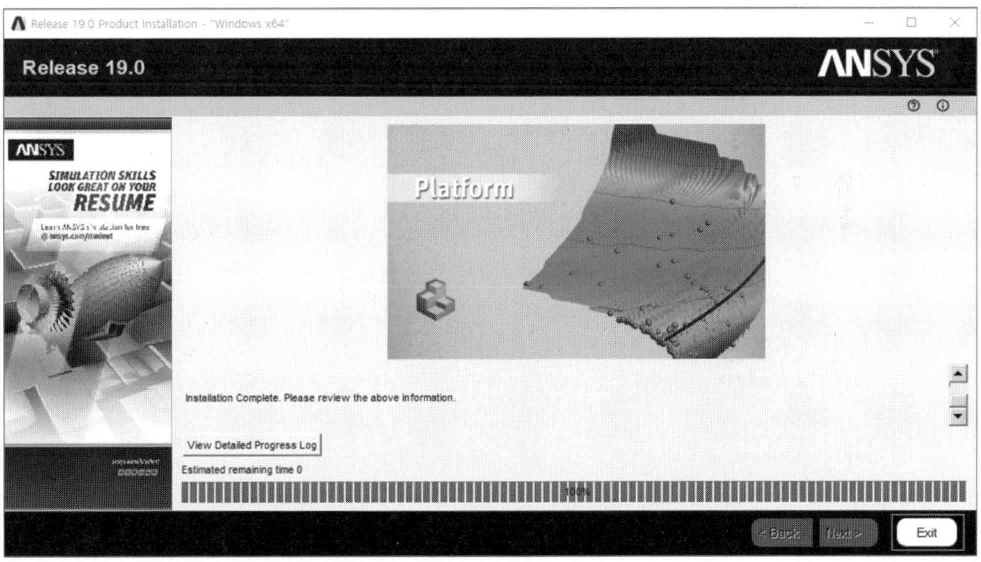

그림 1.7 ■ ANSYS 설치(3) – 설치 완료

1.6 ANSYS Workbench 시작하기

ANSYS Workbench를 실행하는 방법은 크게 두 가지 방법이 있다. 바탕화면에 생성된 아이콘을 더블 클릭하거나, 윈도우 시작 버튼을 선택 후 ANSYS 19.0이라는 설치 폴더 안에

있는 Workbench 19.0이라는 아이콘을 선택하면 프로그램을 실행할 수 있다(그림 1.8).

① 바탕화면 아이콘　　② 시작 ⇒ ANSYS 19.0 ⇒ Workbench 19.0 선택

그림 1.8 ■ ANSYS Workbench를 시작하는 방법

1.7 ANSYS Workbench의 사용자 인터페이스

1. ANSYS Workbench의 화면 구성

ANSYS Workbench의 화면 구성은 크게 Toolbox, Project Schematic, Toolbar & Menu Bar 세 영역으로 구분할 수 있으며, 각 영역별 설명은 아래와 같다(그림 1.9).

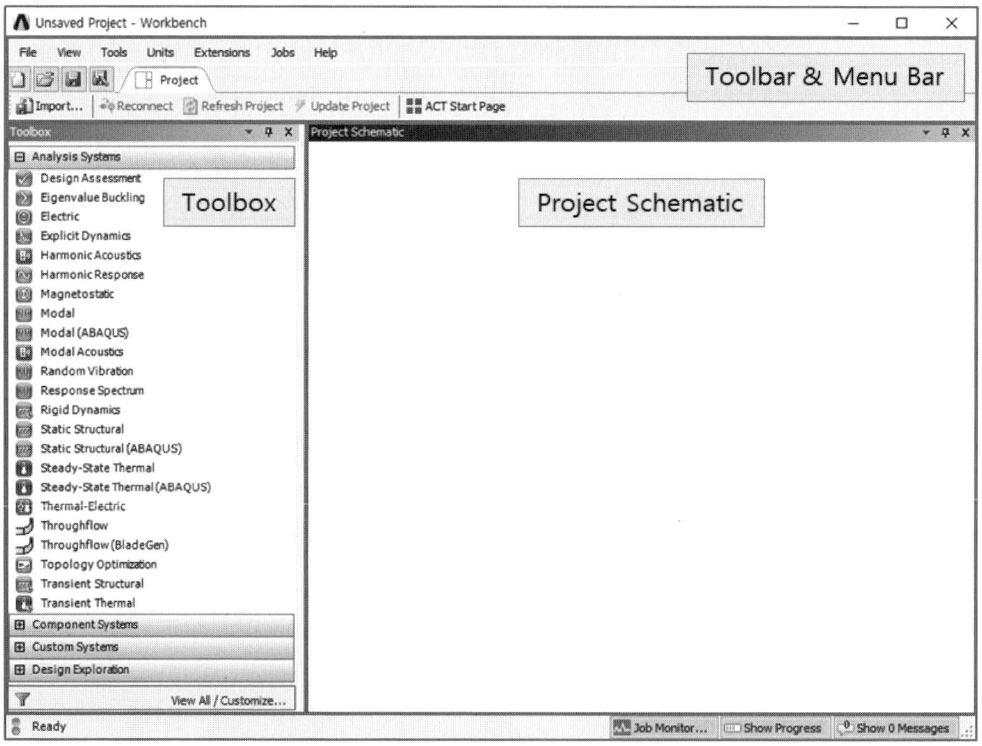

그림 1.9 ■ ANSYS Workbench의 기본 화면 구성

1) Toolbar & Menu Bar

Toolbar의 주요 기능들은 아래의 그림 1.10과 같으며, 버튼을 클릭하면 실행할 수 있다.

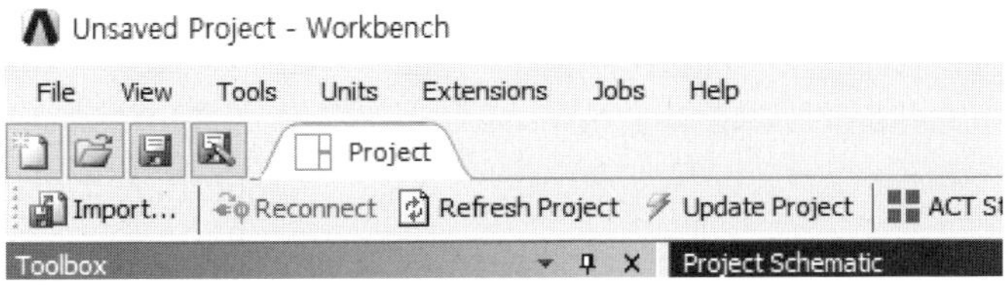

그림 1.10 ▪ Toolbar & Menu Bar

- New & Open : 새로운 프로젝트를 생성하거나 저장된 프로젝트를 불러온다.
- Save & Save as : 현재 프로젝트를 저장하거나 새로운 다른 이름으로 저장한다.
- Refresh Project : 프로젝트의 변경된 내용을 새롭게 적용한다.
- Update Project: 프로젝트의 변경된 내용을 새롭게 적용하고 모든 항목을 업데이트한다.
- Import... : 이전 버전의 프로젝트 파일 또는 저장된 Application 파일을 불러온다.
- 상단의 Tab을 통해 Workbench의 다른 작업 창(Engineering Data, Design Exploration 등)으로 들어가거나 기존의 Project Schematic 창으로 복귀한다.

2) Toolbox

Toolbox는 4개의 하위 그룹으로 구분되어 있으며, 각 항목에 대한 설명은 아래와 같다(그림 1.11).

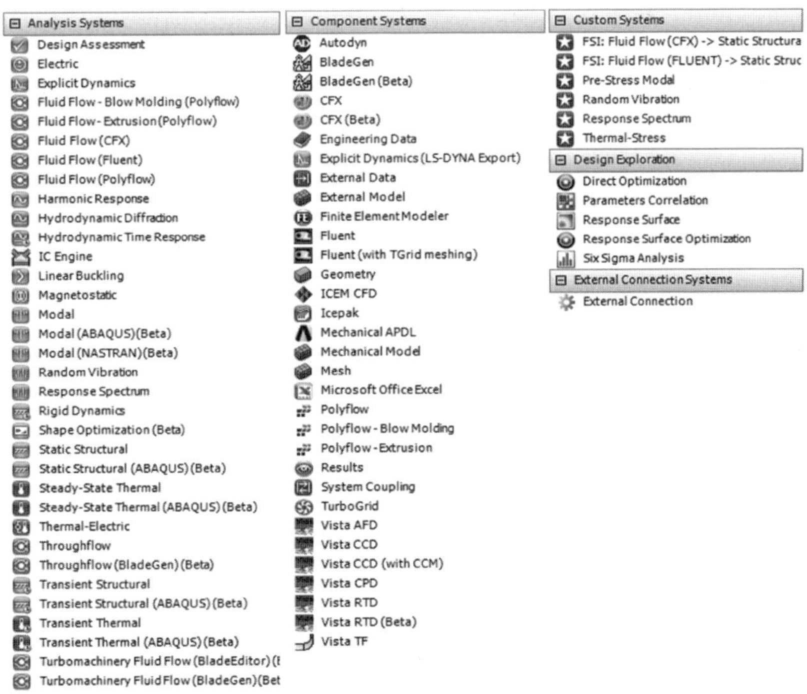

그림 1.11 ▪ Toolbox의 구성

- Analysis Systems
  해석을 위한 다양한 종류의 시스템들이 포함되어 있으며, 각 해석 시스템은 Pre-processing부터 Post-processing에 대한 항목들로 구성되어 있다.
- Component System
  Pre-processing 및 Post-processing의 항목들을 독립적으로 실행할 수 있는 시스템들로 구성되어 있다. 그 외에 다양한 독립된 Application 수행 시스템들이 포함되어 있다. 예를 들어, 별도의 Geometry 시스템에서 모델을 생성하거나 다른 CAD Tool에서 불러들인 모델을 시스템 연결에 따라 여러 Analysis system의 Geometry source로 사용할 수 있도록 구성되어 있다.
- Custom Systems
  연성 해석 수행을 위해 미리 구성된 시스템들이 있다.
- Design Exploration
  매개변수(Parameter)를 이용한 해석 및 최적화 해석을 수행하기 위한 시스템들이 있다.

3) Project Schematic

Project Schematic은 유한요소 해석을 수행하기 위한 해석 시스템들을 구성하는 작업 공간이다. 구성된 시스템들로 해석 작업의 흐름을 명확히 볼 수 있으며, 이때 프로젝트 내의 작업 흐름은 항상 왼쪽에서 오른쪽으로 진행된다. 그림 1.12와 같이 Links Connecting System은 독립된 두 시스템의 데이터 호환 및 전달에 대한 관계를 보여주고 있다.

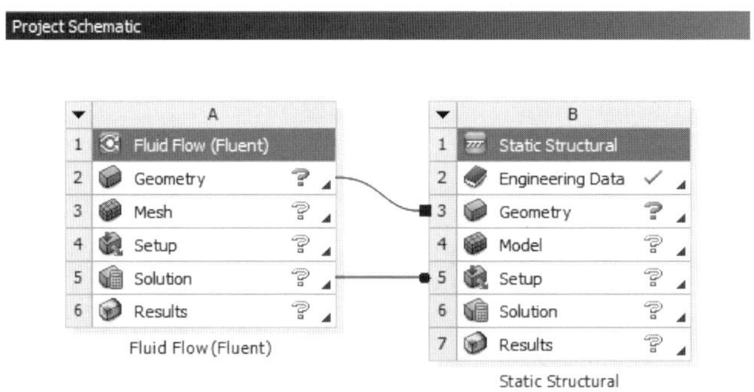

그림 1.12 ■ Links Connecting System

하나의 해석 시스템은 여러 개의 Cell로 구성되어 있으며, 각 Cell은 해석의 전처리(Pre-Processing)부터 후처리(Post-Processing)까지 다양한 항목들이 있다. Cell Number는 1번부터 시작하며, 각 항목들은 해석 흐름에 따라 순서대로 배치되어 있다. 따라서 이전 Cell (Upstream)의 내용이 업데이트되지 않으면 하위 Cell (Downstream)의 설정을 진행할 수 없다. 그림 1.12의 Static Structural System (B)을 기준으로 각 Cell에 대한 내용을 살펴보면 표 1.2와 같이 나타낼 수 있다.

Cell 번호	Cell 구분	설명
B1	Static Structural	진행하는 해석 시스템의 명칭(해석 분야)
B2	Engineering Data	재료 물성 입력
B3	Geometry	CAD 모델 불러오기
B4	Model	격자(Mesh) 생성
B5	Setup	해석 조건 설정
B6	Solution	해석 수행
B7	Results	해석 결과 검토

표 1.2 ▪ 구조 해석 시스템에서 각 Cell에 대한 작업 내용

2. 해석 시스템 생성하기

Drag & Drop-down 또는 더블 클릭으로 Project Schematic 영역에 시스템 블록을 생성할 수 있다. 해석 시스템을 클릭한 상태로 마우스 커서를 Project Schematic 창으로 Drag하면 빨간색 점선으로 활성화되며, Drop-down을 하면 해석 시스템이 생성된다(그림 1.13).

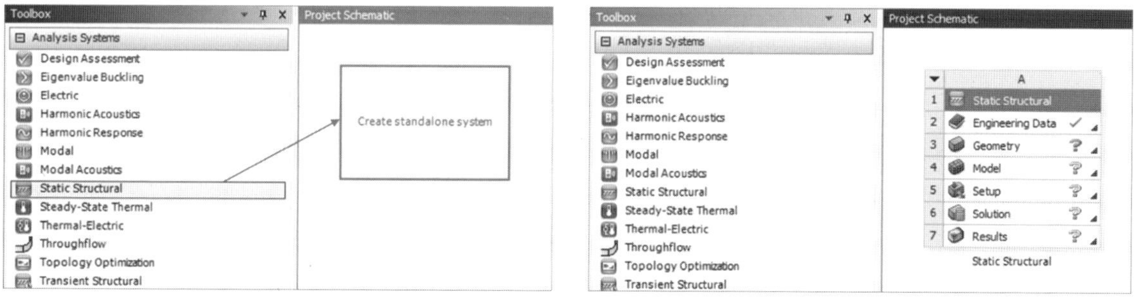

그림 1.13 ▪ 해석 시스템 생성하기

3. 관측 위치와 관측 방향의 변경

마우스 또는 아이콘을 활용하여 해석을 위한 작업을 하는 동안 모델의 관측 위치 및 방향을 변경할 수 있으며, 변경 방법은 아래와 같다.

1) 마우스를 활용한 변경 방법

마우스 단축키	
마우스 중간 버튼 (Wheel)	· 기본은 Free rotation · Wheel + Ctrl 키 → Pan · Wheel + Shift 키 → Zoom
마우스 오른쪽 버튼 (RMB)	· RMB 누른 상태에서 마우스 Drag → Box zoom

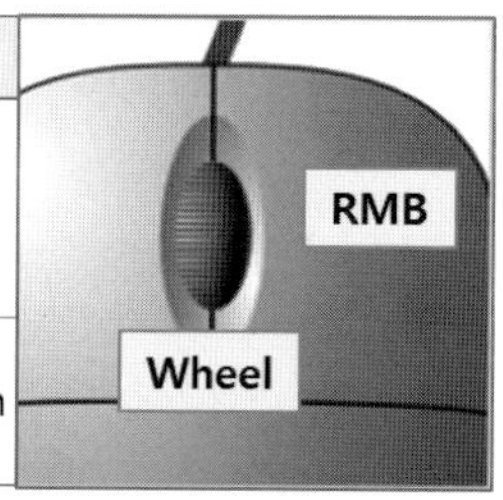

표 1.3 ▪ 마우스를 활용한 관측 위치 및 방향 변경 방법

2) 아이콘을 활용한 변경 방법 (Mechanical Window)

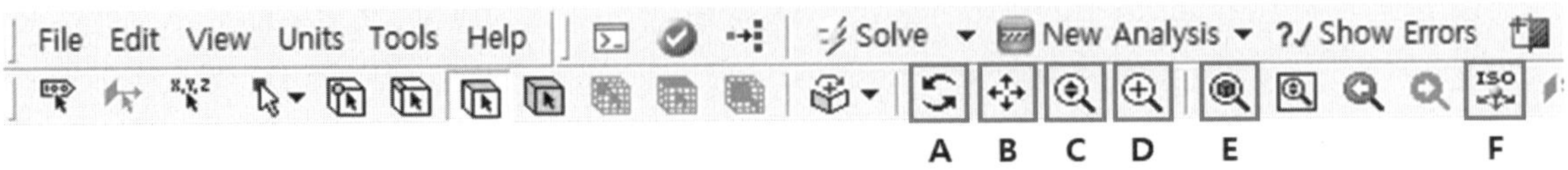

A: Rotate, B: Pan, C: Zoom, D: Box zoom, E: Zoom to fit, F: ISO View

그림 1.14 ■ 아이콘을 활용한 관측 위치 및 방향 변경 방법

1.8 프로그램의 제약 사항

ANSYS Student는 상용프로그램 ANSYS Workbench, Multiphysics, Mechanical, CFD 등의 모든 기능을 12개월 동안 무료로 사용할 수 있다. 또한 해석 가능한 문제의 크기는 구조해석의 경우 32,000개(절점/요소 수), 유동 해석은 512,000개(셀/절점 수), 전자기장 해석은 제한이 없다. IGES, STEP, Parasolid 총 3개의 CAD 파일 형식을 지원하고, 최대 2개의 CPU로 해석이 가능하다.

정식 ANSYS 제품의 설치, 사용, 구매에 관한 정보는 태성에스엔이(전화 02-3431-2442, 홈페이지 https://www.tsne.co.kr/)를 통해 확인할 수 있다.

CHAPTER 02 A First Course In The **FINITE ELEMENT METHOD** Examples

트러스 구조물 해석

EXAMPLE | 2.1

ANSYS Mechanical을 이용하여 그림 2.1과 같은 평면 트러스 문제를 해석해보자. 절점 2, 3, 4에는 UX = UY = 0의 경계조건을 적용하고 절점 1에 FY = −10,000 lbf의 하중을 적용한다. 모든 트러스 요소의 단면적의 넓이는 2 in^2이고, 탄성계수는 30×10^6 psi이다.

Example 2.1

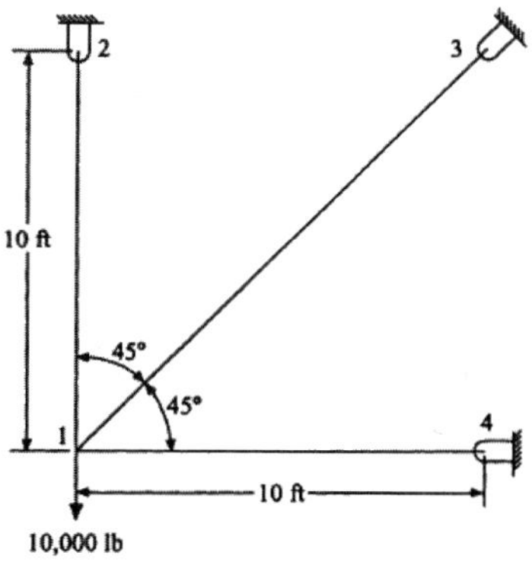

그림 2.1

EXAMPLE의 QR코드를 스캔하여 간편하게 예제별 동영상을 확인할 수 있습니다.
태성에스엔이 홈페이지(www.tsne.co.kr)에 회원가입 후 로그인하여 편리하게 이용할 수 있습니다.

1단계 ▸ 재료 물성치 정의

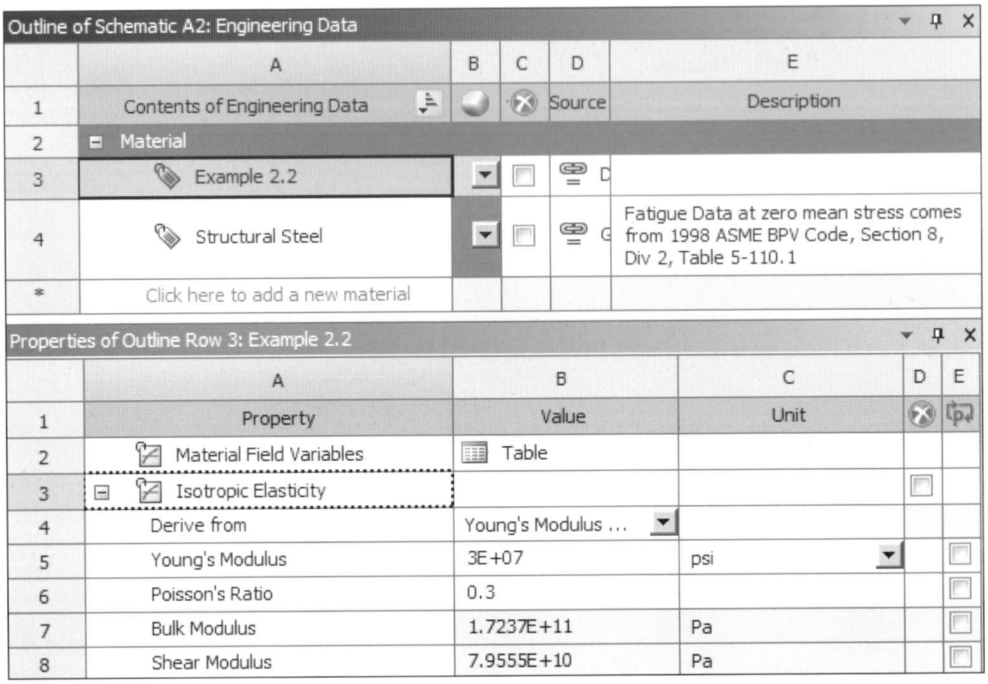

2단계 ▸ 유한요소 모델의 생성

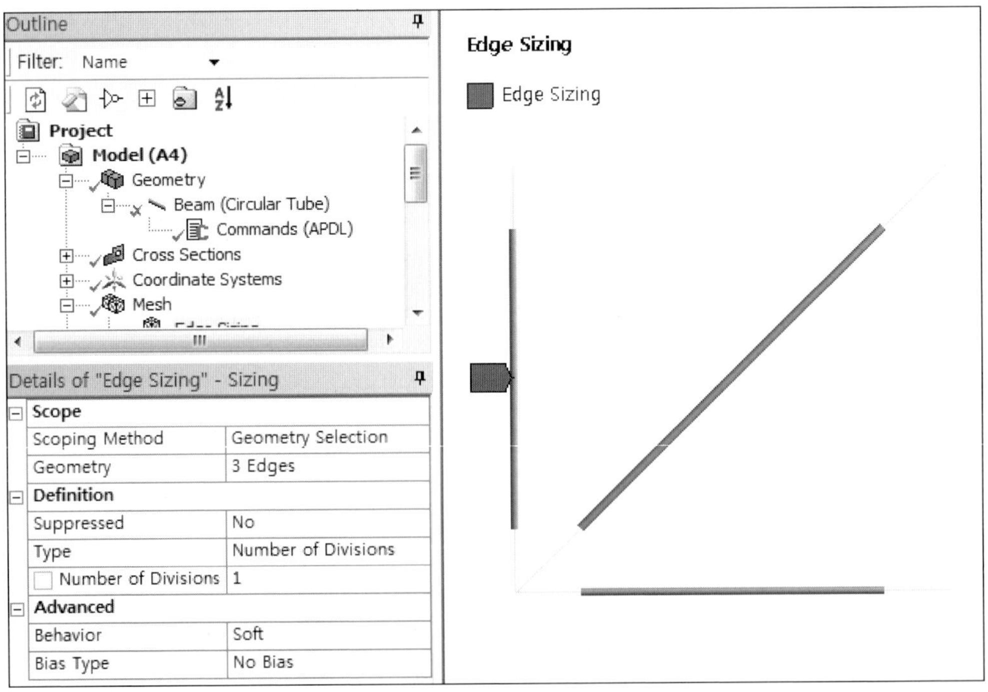

3단계 ▸ 하중과 경계조건의 적용

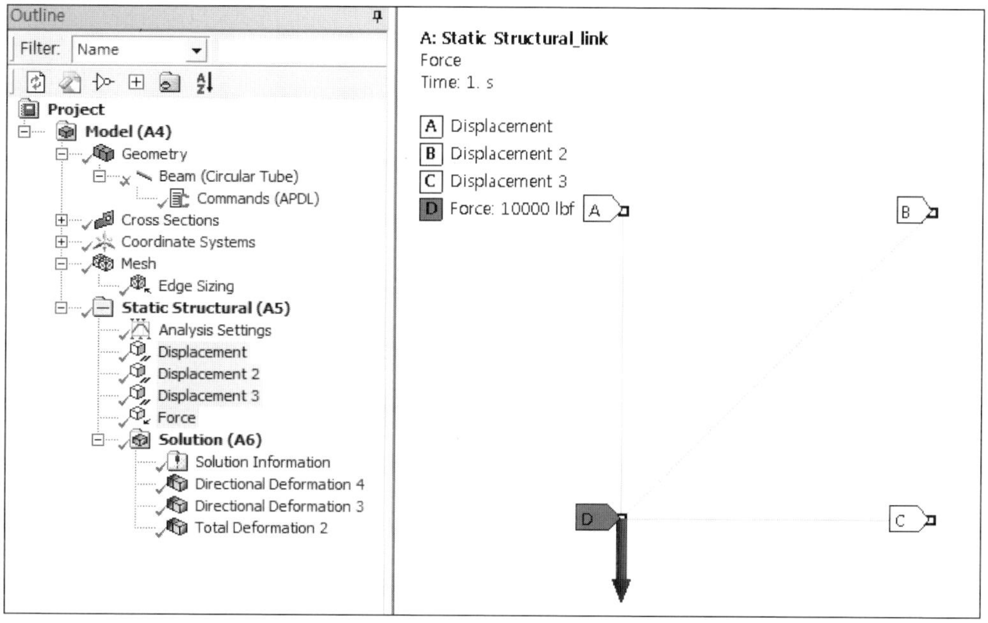

4단계 ▸ ANSYS Workbench 해석결과

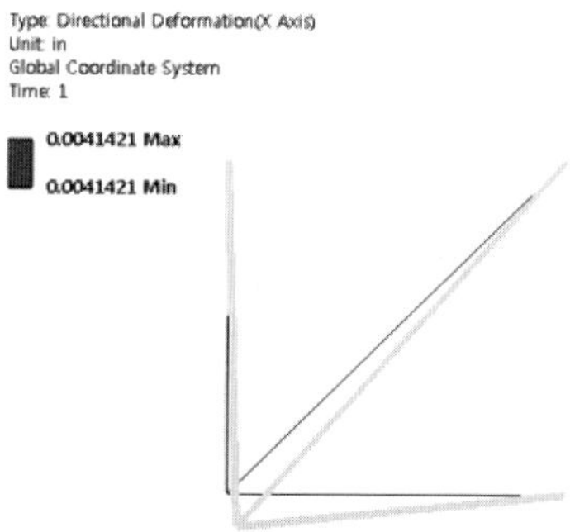

[1번 절점에서의 X 방향 변형]

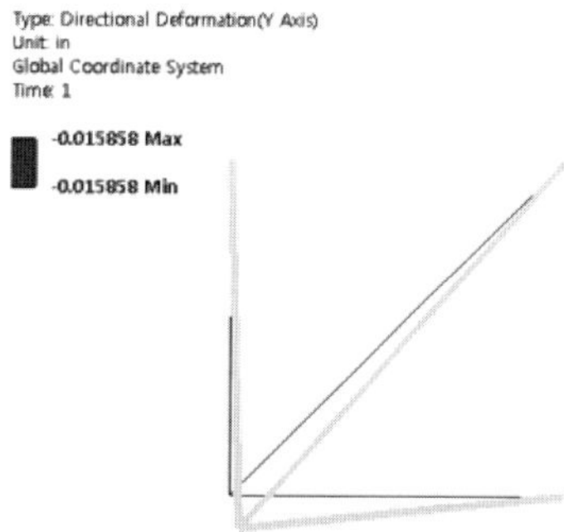

[1번 절점에서의 Y 방향 변형]

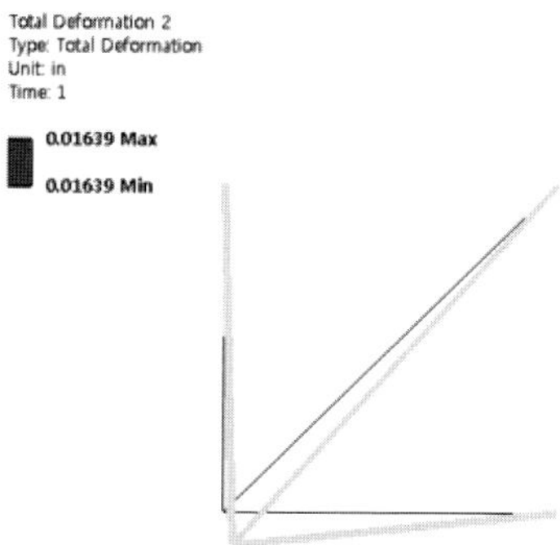

[1번 절점에서의 Total 변형]

MAXIMUM ABSOLUTE VALUES			
NODE(1)	UX	UY	USUM
VALUE	0.0041421	-0.015858	0.01639

[방향별 최대 변형 값]

EXAMPLE 2.2

앞의 예제에서와 유사한 방법으로 ANSYS Mechanical을 이용하여 그림 2.2를 참고로 경계조건을 적용하여 유한요소 해석을 진행한다. 절점 2에 1000 kN의 하중을 적용하여 각 절점의 변위를 확인한다.

Example 2.2

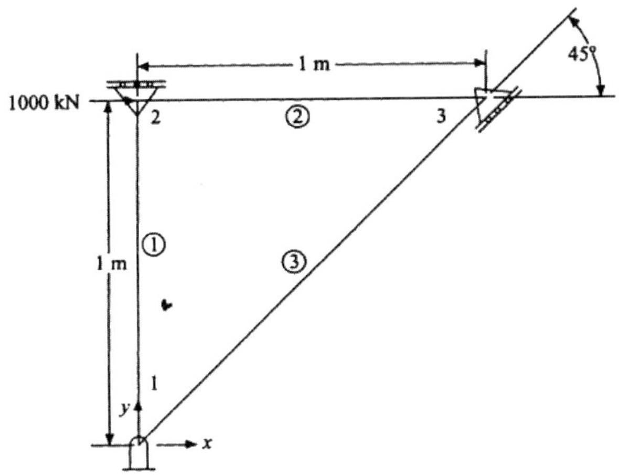

그림 2.2

1단계 ▶ 재료 물성치 정의

	A	B	C	D	E
1	Contents of Engineering Data			Source	Description
2	Material				
3	Ex 2-5				
4	Structural Steel			G	Fatigue Data at zero mean stress comes from 1998 ASME BPV Code, Section 8, Div 2, Table 5-110.1
*	Click here to add a new material				

Properties of Outline Row 3: Ex 2-5

	A	B	C	D	E
1	Property	Value	Unit		
2	Material Field Variables	Table			
3	Isotropic Elasticity				
4	Derive from	Young's Modulus an...			
5	Young's Modulus	2.1E+11	Pa		
6	Poisson's Ratio	0.3			
7	Bulk Modulus	1.75E+11	Pa		
8	Shear Modulus	8.0769E+10	Pa		

2단계 ▸ 유한요소 모델의 생성

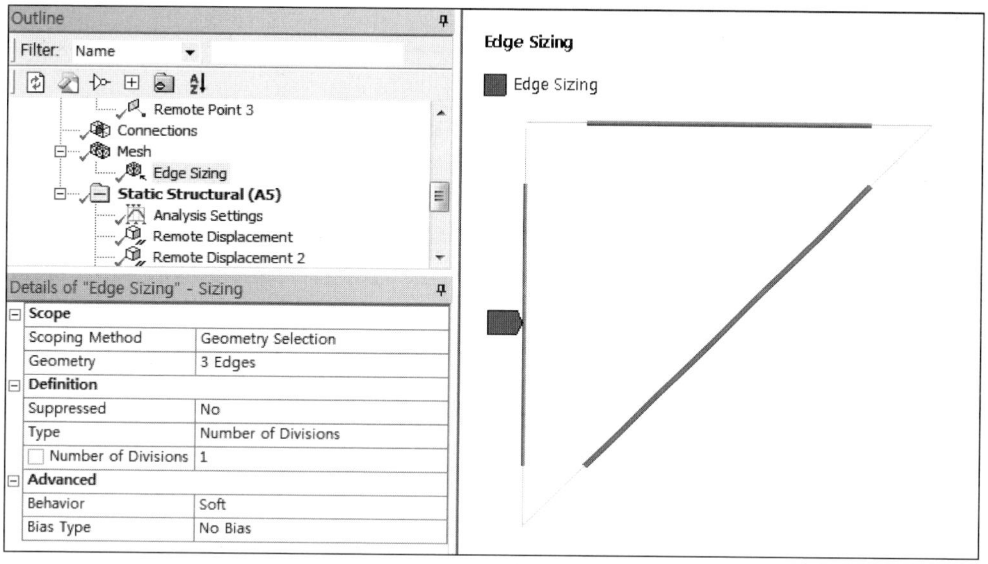

3단계 ▸ 하중과 경계조건의 적용

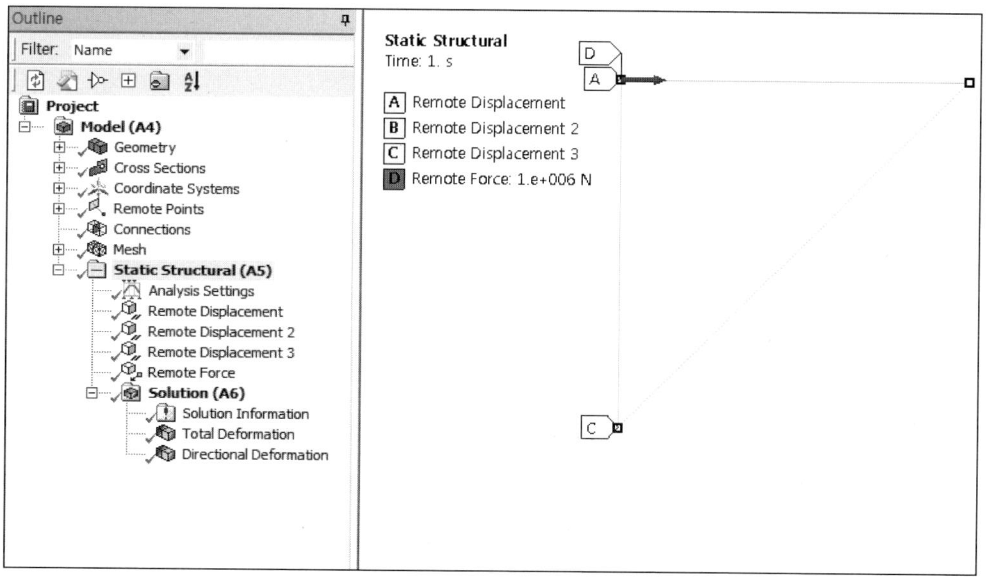

4단계 ▸ ANSYS Workbench 해석결과

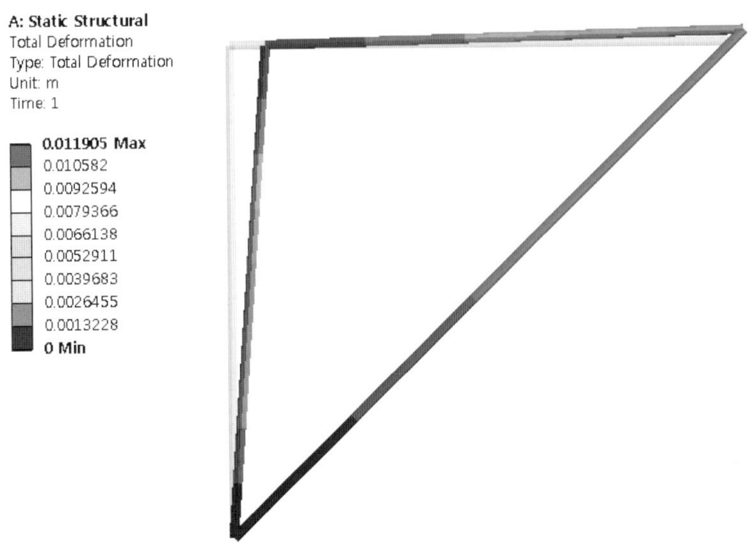

EXAMPLE 2.3

그림 2.3과 같이 축 하중을 받는 봉에 대해, 변위와 응력을 확인 한다. 부재의 물성 및 size는 E = 30 × 10^6 psi, A = 2 in^2, L = 60 in이다. 해당 모델 및 경계조건에 따라 한 개의 요소를 통해 계산된 결과와 두 개의 요소를 사용하여 계산된 결과를 비교한다.

Example 2.3

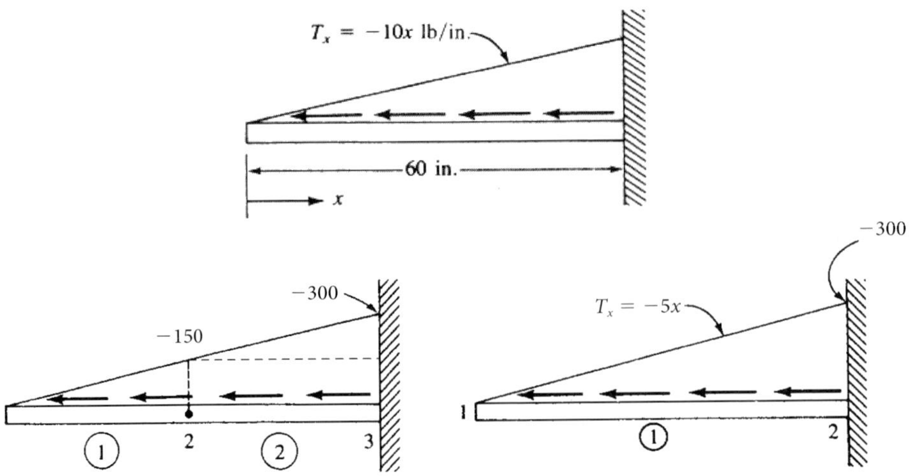

그림 2.3

1단계 ▶ 재료 물성치 정의

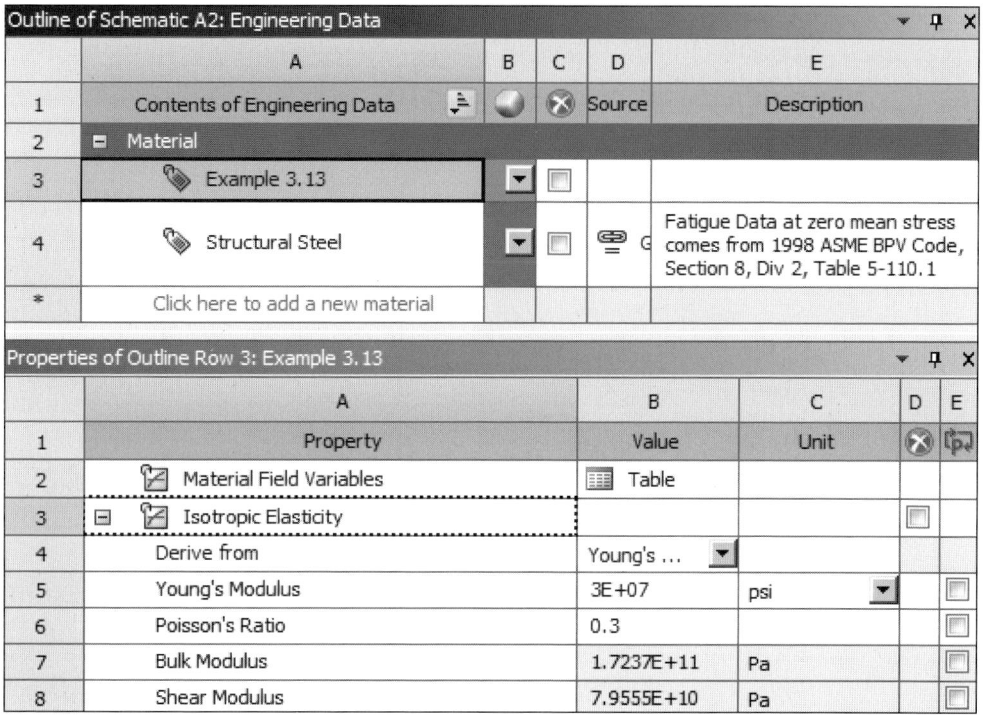

2단계 ▶ 유한요소 모델의 생성

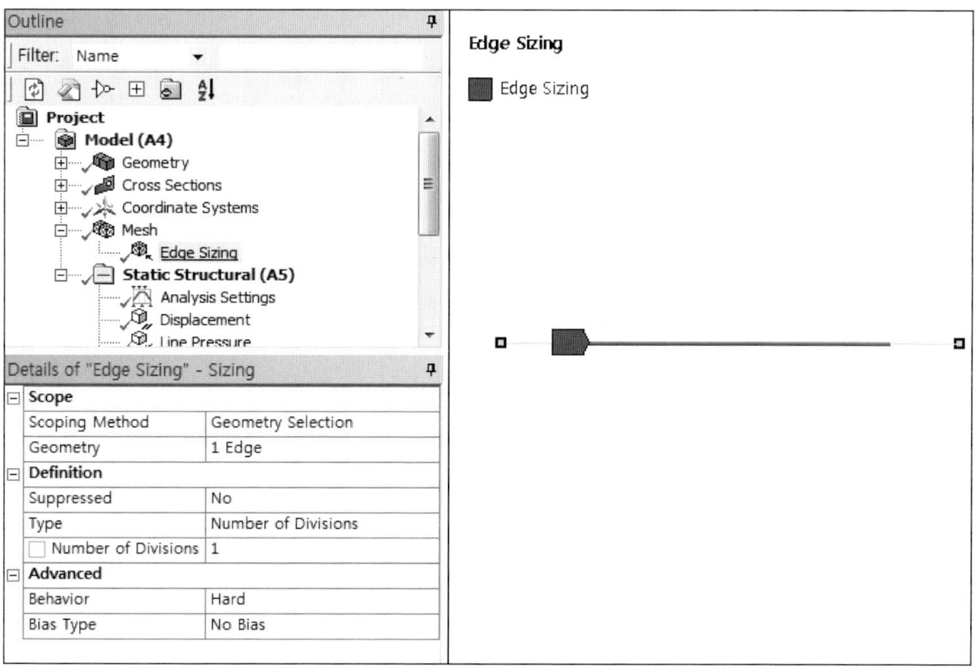

(a) 한 개의 요소일 때

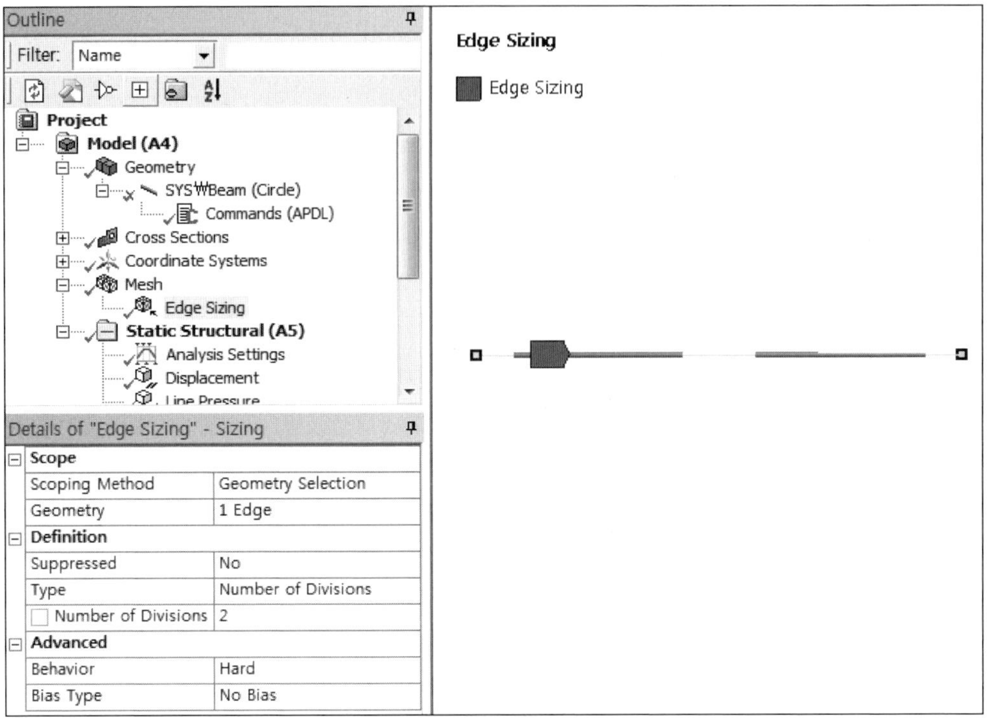

(b) 두 개의 요소일 때

3단계 ▸ 하중과 경계조건의 적용

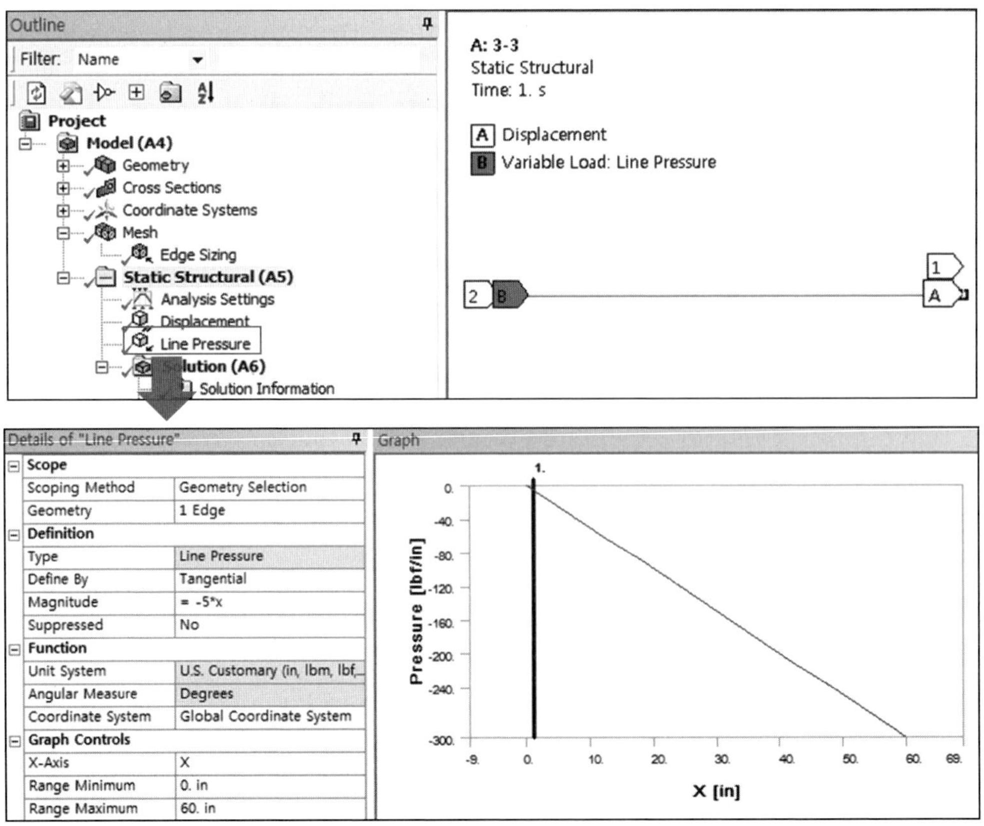

4단계 ▸ ANSYS Workbench 해석결과 : Element = 1개

(a) Node 1의 처짐량

(b) 하중 값

(c) 응력 값

5단계 ▸ ANSYS Workbench 해석결과 : Element = 2개

(a) Node 2의 처짐량

(b) 하중 값

(c) 응력 값

CHAPTER 03

보해석을 위한 ANSYS 예제

EXAMPLE | 3.1

ANSYS Mechanical을 이용하여 그림 3.1의 조건 대해 해석을 진행하고 각 절점에서의 최대 변위를 확인한다. 부재의 물성 및 단면정보는 I = 500 in^4, E = 30 $\times$ 10^6 psi이다.

Example 3.1

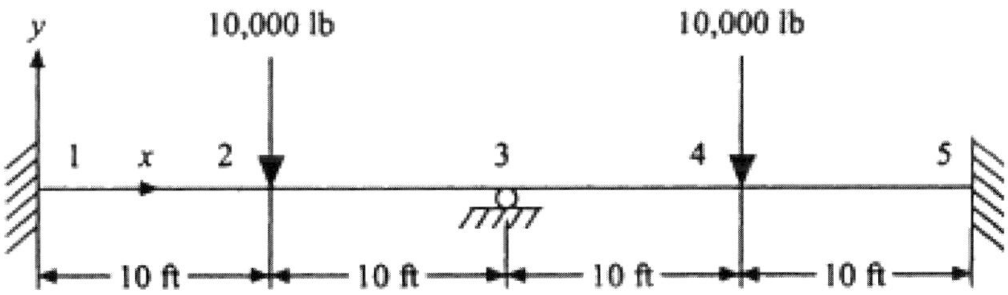

그림 3.1

EXAMPLE의 QR코드를 스캔하여 간편하게 예제별 동영상을 확인할 수 있습니다.
태성에스엔이 홈페이지(www.tsne.co.kr)에 회원가입 후 로그인하여 편리하게 이용할 수 있습니다.

1단계 ▶ 재료 물성치 정의

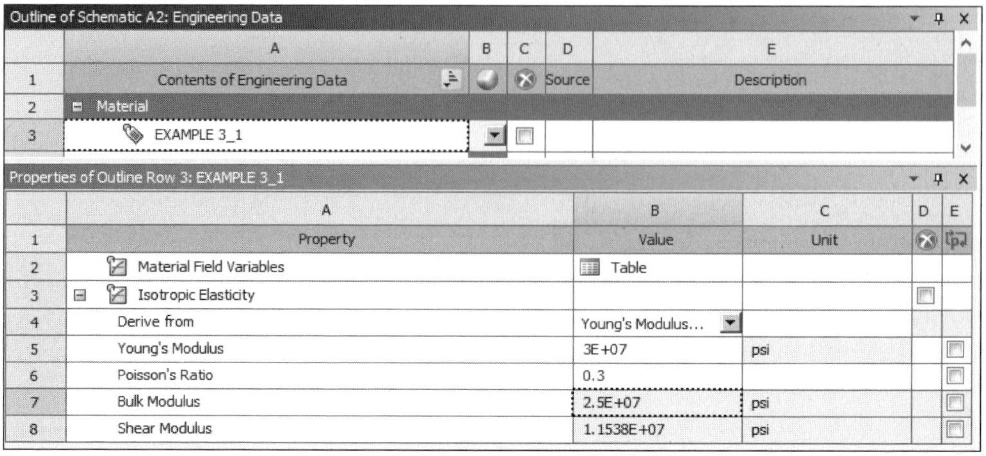

Outline of Schematic A2: Engineering Data

	A	B	C	D	E
1	Contents of Engineering Data			Source	Description
2	Material				
3	EXAMPLE 3_1				

Properties of Outline Row 3: EXAMPLE 3_1

	A	B	C	D	E
1	Property	Value	Unit		
2	Material Field Variables	Table			
3	Isotropic Elasticity				
4	Derive from	Young's Modulus...			
5	Young's Modulus	3E+07	psi		
6	Poisson's Ratio	0.3			
7	Bulk Modulus	2.5E+07	psi		
8	Shear Modulus	1.1538E+07	psi		

2단계 ▶ 해석 모델의 생성

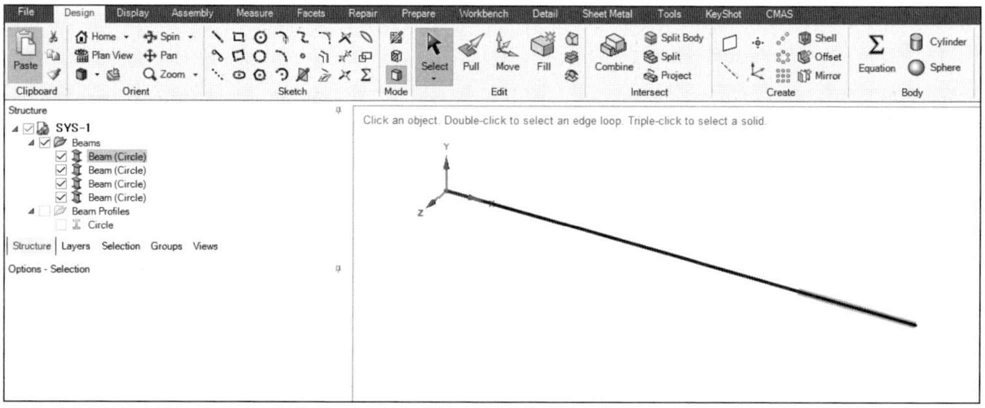

3단계 ▶ 유한요소 모델 생성 및 경계조건 입력

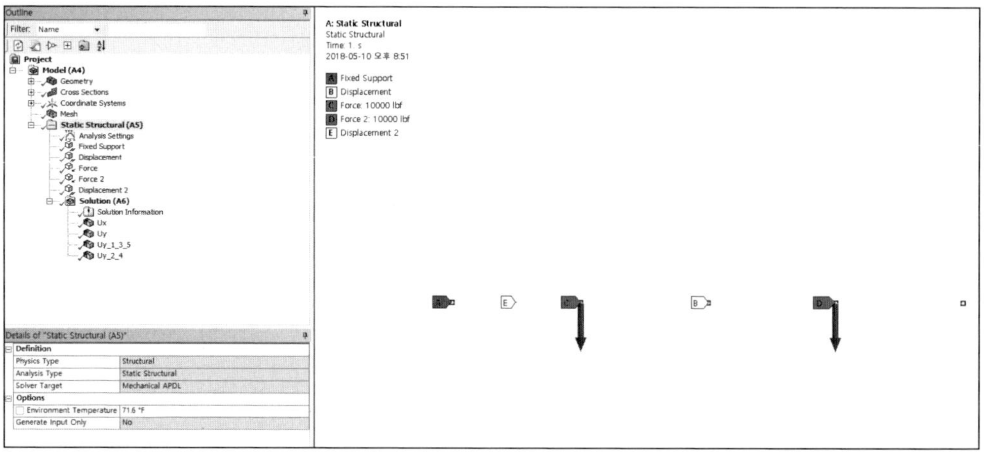

4단계 ▸ ANSYS Workbench 해석결과

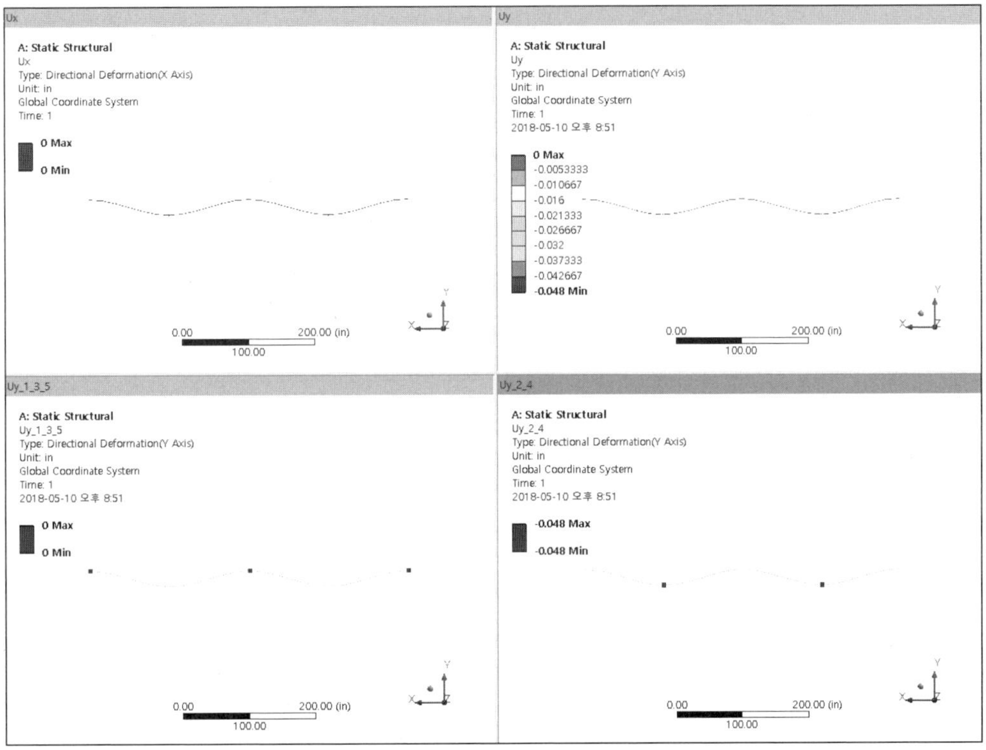

EXAMPLE | 3.2

그림 3.2와 같이 단면 속성이 I = 150 in^{4}이고, E = 29 × 10^6 psi인 부재에 대해 분포하중을 적용되었을 때 유한요소 해석을 진행해 본다. 다른 요소와는 달리 보 요소에 비균일 분포하중을 적용하는 경우 전 영역에 한꺼번에 분포하중을 줄 수 없으므로, 각각의 요소에 작용하는 분포하중을 보간하여 적용하여야 한다.

Example 3.2

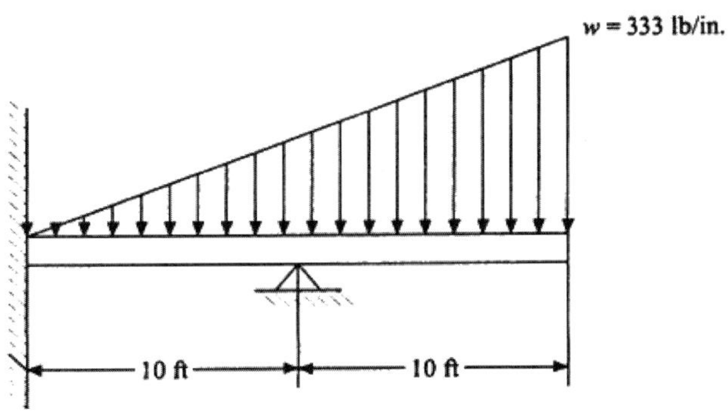

그림 3.2

1단계 ▸ 재료 물성치 정의

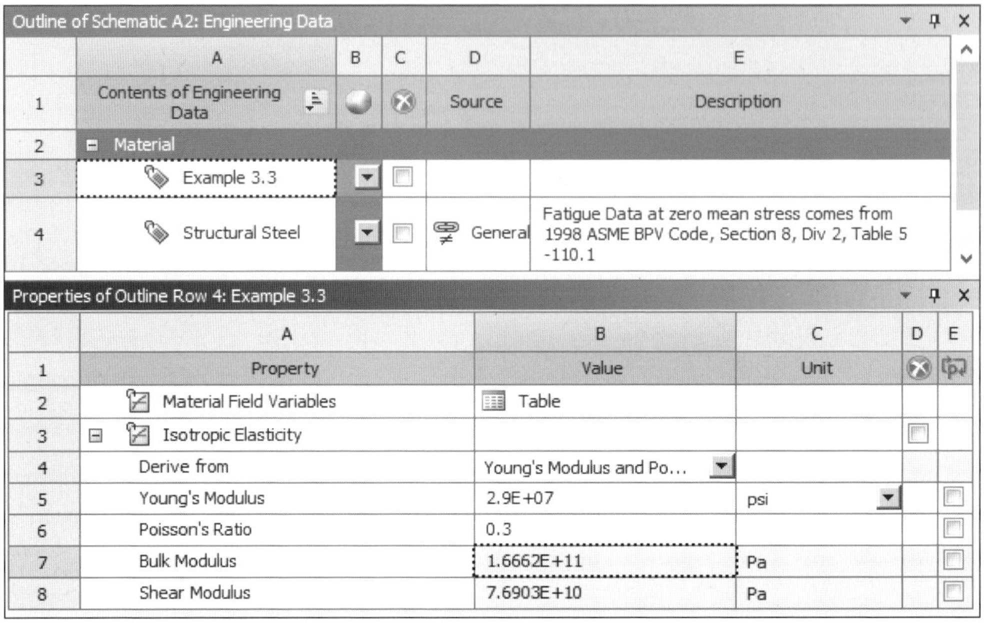

Outline of Schematic A2: Engineering Data

	A	B	C	D	E
1	Contents of Engineering Data			Source	Description
2	Material				
3	Example 3.3				
4	Structural Steel			General	Fatigue Data at zero mean stress comes from 1998 ASME BPV Code, Section 8, Div 2, Table 5-110.1

Properties of Outline Row 4: Example 3.3

	A	B	C	D	E
1	Property	Value	Unit		
2	Material Field Variables	Table			
3	Isotropic Elasticity				
4	Derive from	Young's Modulus and Po...			
5	Young's Modulus	2.9E+07	psi		
6	Poisson's Ratio	0.3			
7	Bulk Modulus	1.6662E+11	Pa		
8	Shear Modulus	7.6903E+10	Pa		

2단계 ▸ 유한요소 모델의 생성

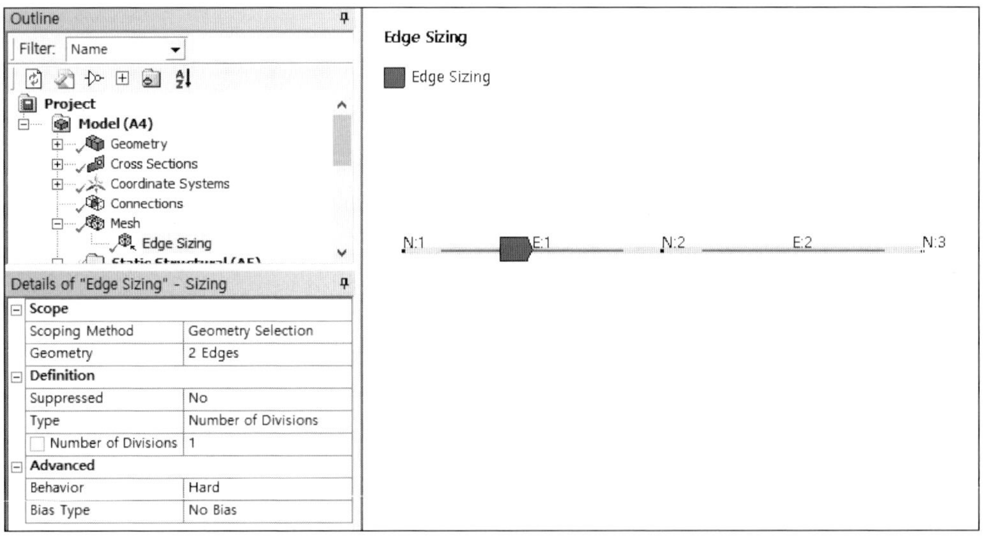

3단계 ▸ 경계조건의 적용

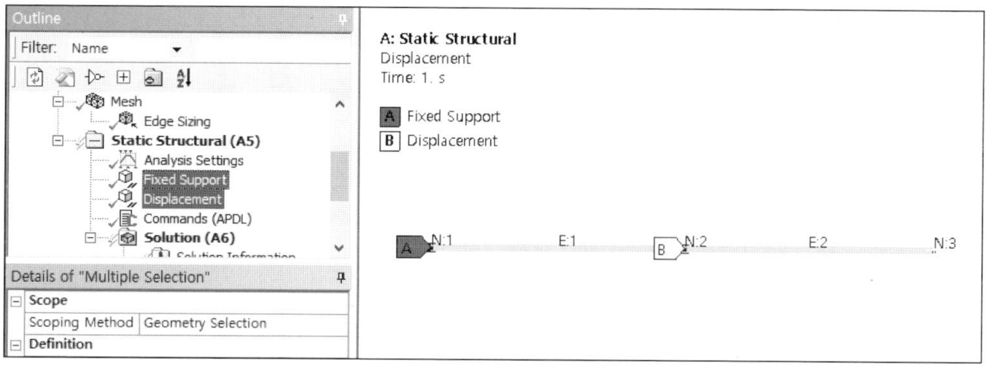

4단계 ▸ 하중조건의 적용

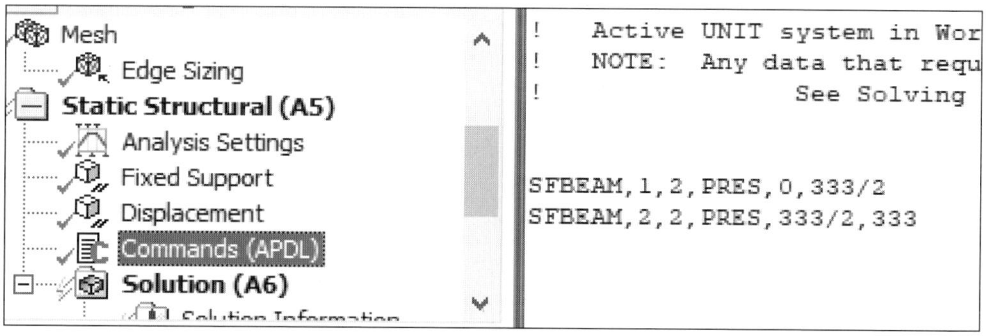

5단계 ▸ ANSYS Workbench 해석결과 확인

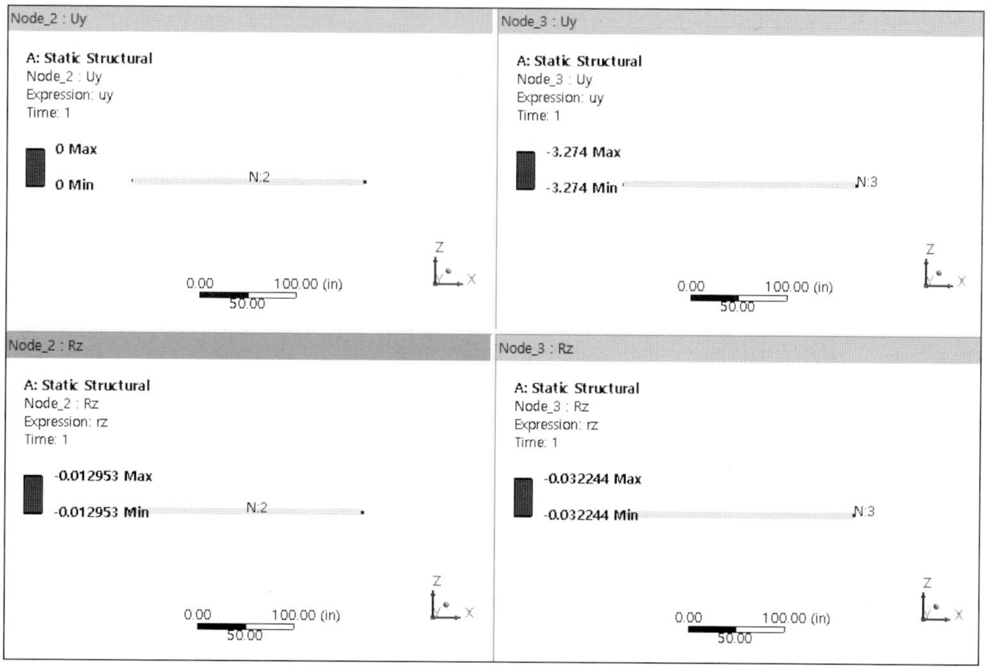

EXAMPLE 3.3

그림 3.3과 같이 절점 3에 힌지가 있는 보 구조물에 대해 절점 2에서의 경사각과 절점 3에서의 처짐량 및 경사각을 확인하라. 절점 1, 4는 완전구속이며, 절점 2는 수직방향 변위가 구속되어 있다. 탄성계수는 210 GPa이고 단면2차모멘트 $I = 2 \times 10^{-4}$ m^4으로 가정하라.

Example 3.3

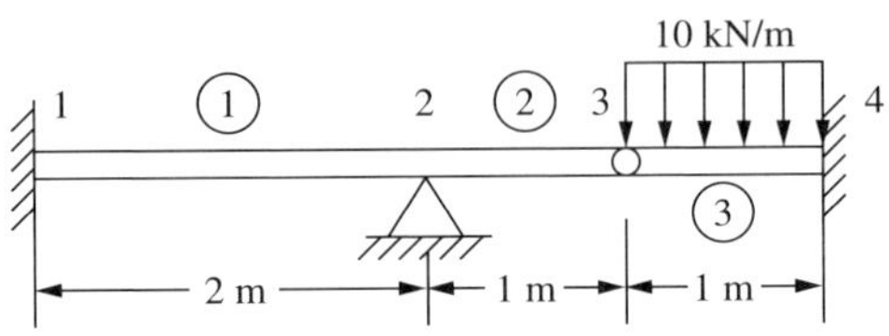

그림 3.3

1단계 ▸ 재료 물성치 정의

Outline of Schematic A2: Engineering Data

	A	B	C	D	E
1	Contents of Engineering Data			Source	Description
2	⊟ Material				
3	Example Material			E	
4	Structural Steel			G	Fatigue Data at zero mean stress comes from 1998 ASME BPV Code, Section 8, Div 2, Table 5 -110.1
*	Click here to add a new material				

Properties of Outline Row 3: Example Material

	A	B	C	D	E
1	Property	Value	Unit		
2	Material Field Variables	Table			
3	⊟ Isotropic Elasticity				
4	Derive from	Young's ...			
5	Young's Modulus	2.1E+11	Pa		
6	Poisson's Ratio	0.3			
7	Bulk Modulus	1.75E+11	Pa		
8	Shear Modulus	8.0769E+10	Pa		

2단계 ▶ 유한요소 모델의 생성

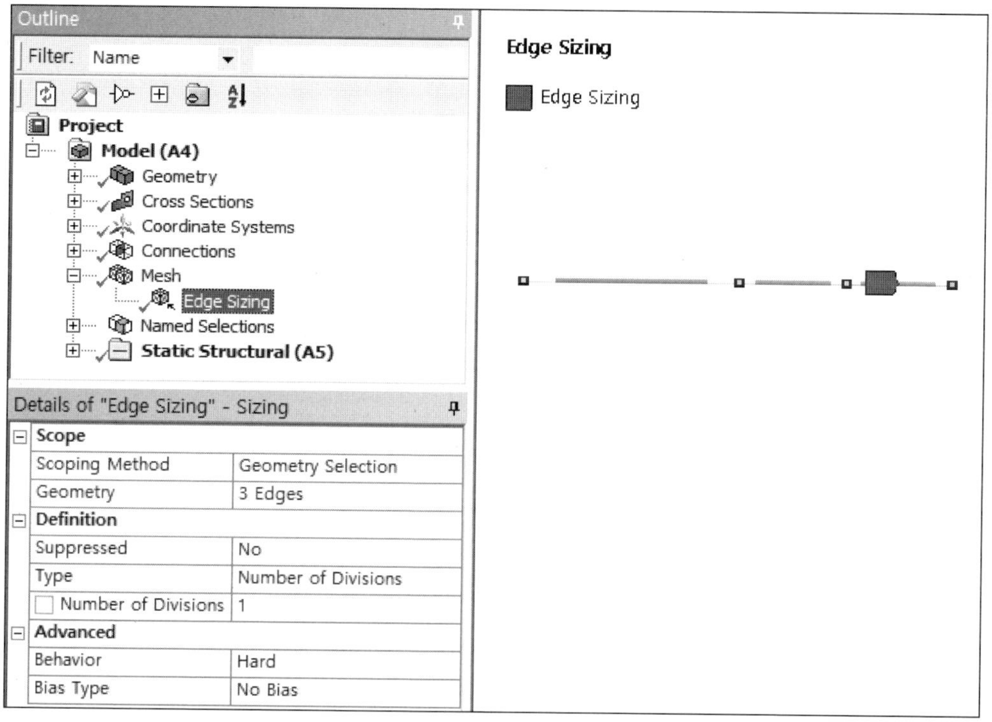

3단계 ▶ 하중과 경계조건의 적용

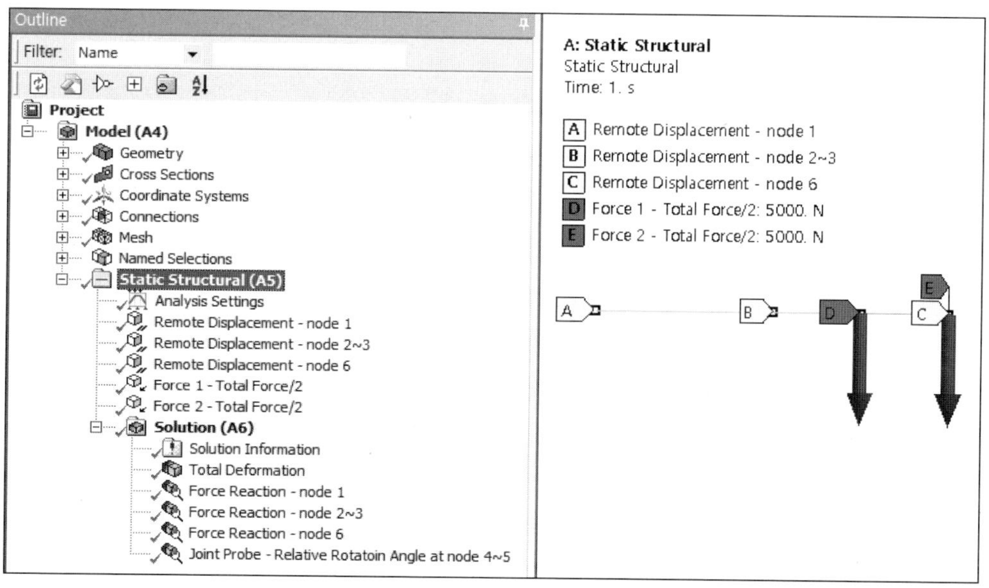

4단계 ▸ ANSYS Workbench 해석결과

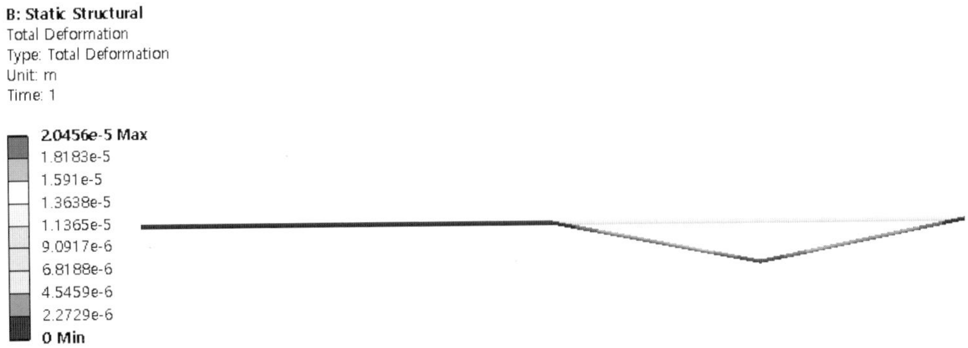

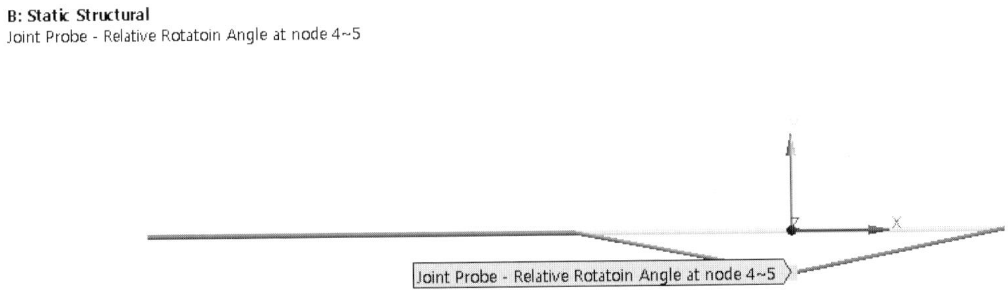

Details of "Joint Probe - Relative Rotatoin Angle at node 4~5"

Definition	
Type	Joint Probe
Boundary Condition	Revolute - node 4~5 (RZ Free)
Orientation Method	Joint Reference System
Orientation	Reference Coordinate System
Suppressed	No
Options	
Result Type	Relative Rotation
Result Selection	Z Axis
Display Time	End Time
Results	
Z Axis	5.9518e-005 rad
Maximum Value Over Time	
Minimum Value Over Time	
Information	

CHAPTER 04 A First Course In The **FINITE ELEMENT METHOD** Examples

평면, 격자, 공간 프레임의 해석

EXAMPLE 4.1

평면 프레임을 해석하는 절차를 기술하기 위해 그림 4.1을 고려해 보자.

$I_1 = I_3 = 200$ in^4, $I_2 = 100$ in^{4}이며, 모든 프레임 구성 요소의 탄성계수는 30×10^6 psi이다.

Example 4.1

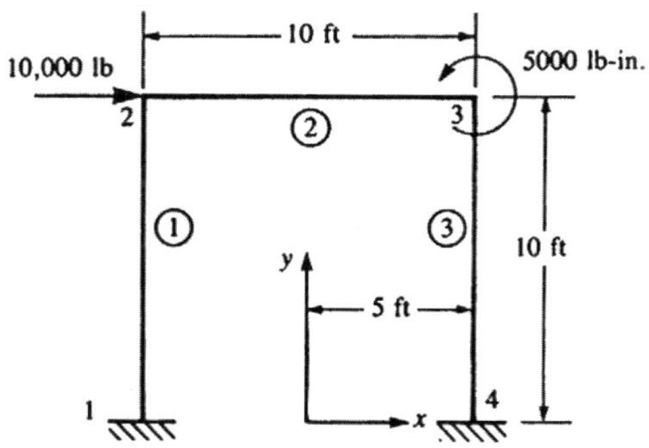

그림 4.1

EXAMPLE의 QR코드를 스캔하여 간편하게 예제별 동영상을 확인할 수 있습니다.
태성에스엔이 홈페이지(www.tsne.co.kr)에 회원가입 후 로그인하여 편리하게 이용할 수 있습니다.

1단계 ▸ Geometry import

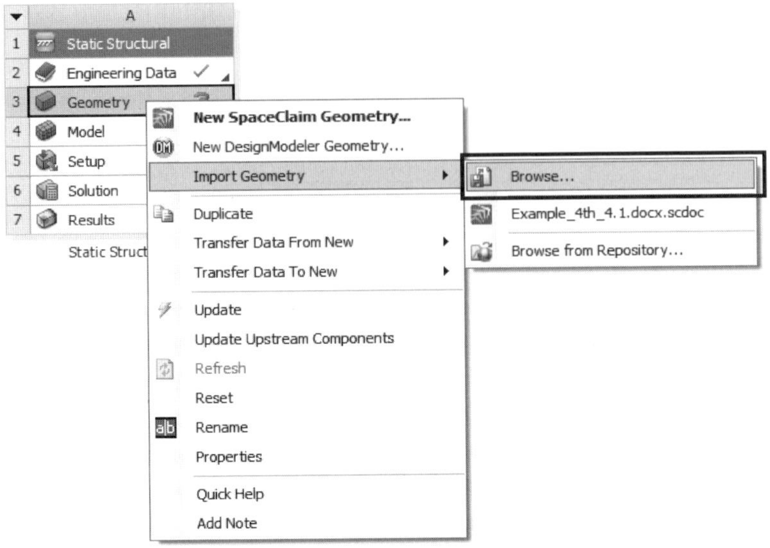

2단계 ▸ 유한요소 모델의 생성

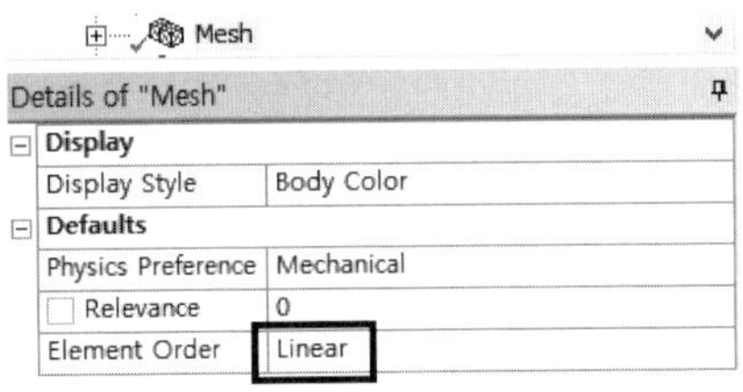

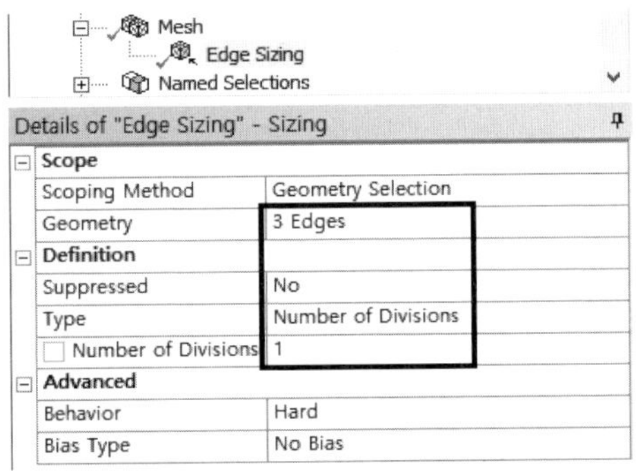

3단계 ▶ 그룹 지정

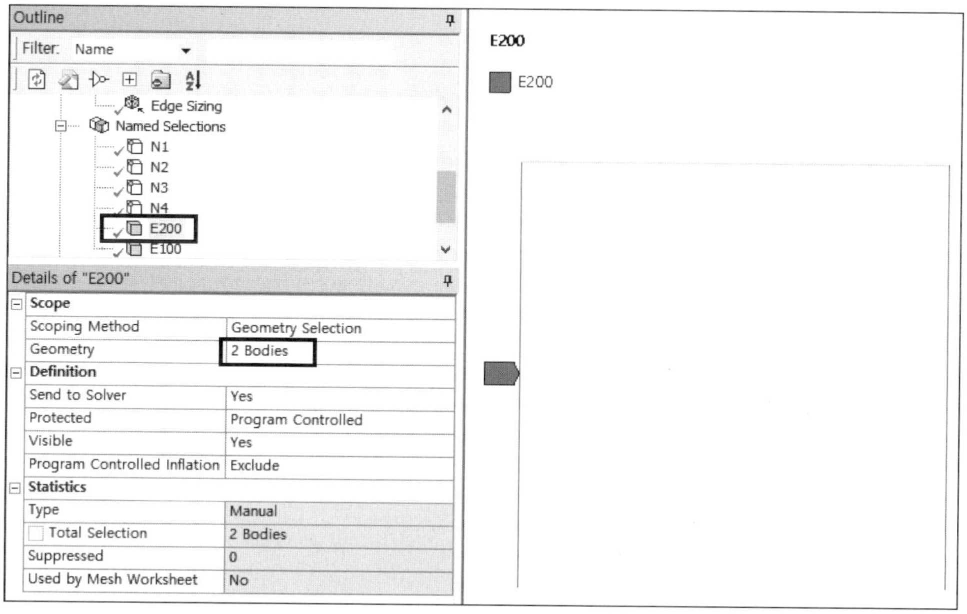
Outline
Filter: Name
Edge Sizing
Named Selections
N1
N2
N3
N4
E200
E100
Details of "E200"
Scope
Scoping Method
Geometry Selection
Geometry
2 Bodies
Definition
Send to Solver
Yes
Protected
Program Controlled
Visible
Yes
Program Controlled Inflation
Exclude
Statistics
Type
Manual
Total Selection
2 Bodies
Suppressed
0
Used by Mesh Worksheet
No
E200
E200

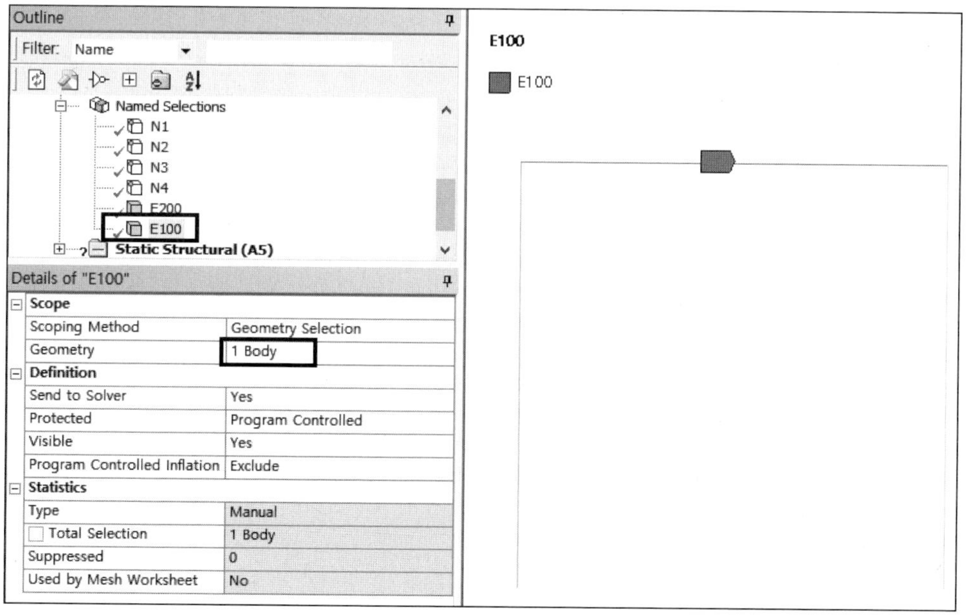
Outline
Filter: Name
Named Selections
N1
N2
N3
N4
E200
E100
Static Structural (A5)
Details of "E100"
Scope
Scoping Method
Geometry Selection
Geometry
1 Body
Definition
Send to Solver
Yes
Protected
Program Controlled
Visible
Yes
Program Controlled Inflation
Exclude
Statistics
Type
Manual
Total Selection
1 Body
Suppressed
0
Used by Mesh Worksheet
No
E100
E100

4단계 ▸ 하중과 경계조건의 적용

```
/prep7
et,1000,3
R,1001,1,100,1
R,1002,1,200,1
mp,ex,1000,30e5

cmsel,s,E200

emodif,all,type,1000
emodif,all,real,1002
emodif,all,mat,1000

cmsel,s,E100

emodif,all,type,1000
emodif,all,real,1001
emodif,all,mat,1000

/solu
cmsel,s,N1
D,all,ALL,0
cmsel,s,N4
D,all,ALL,0

cmsel,s,N2
F,all,Fx,10000
cmsel,s,N3
F,all,MZ,5000

allsel,all
```

5단계 ▸ ANSYS Workbench 해석결과

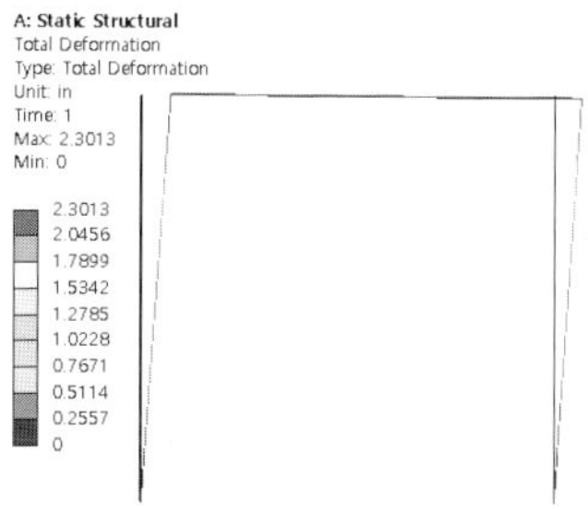

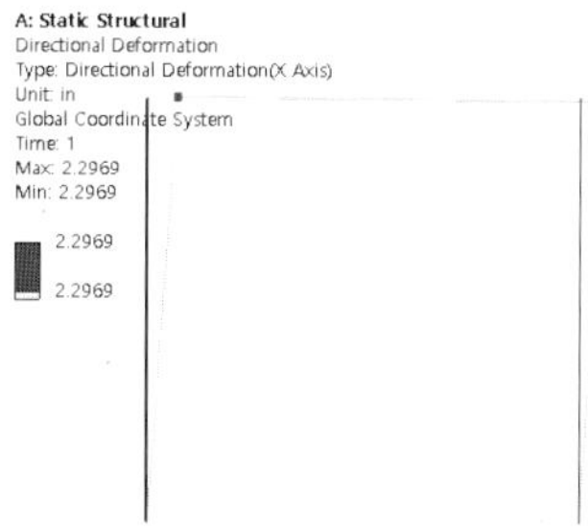

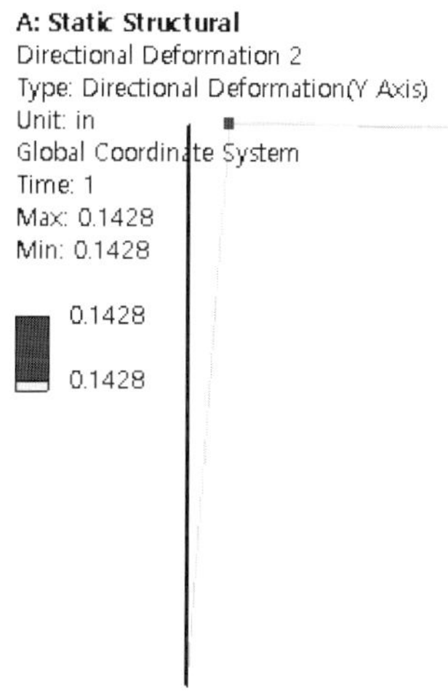

EXAMPLE 4.2

그림 4.2와 같은 공간상의 프레임에 대해 절점의 변위와 회전을 계산해보자. E = 25 × 10^6 psi, G = 10 × 10^6 psi이며, 보의 단면은 한 변이 10 in인 정사각형으로 가정한다.

Example 4.2

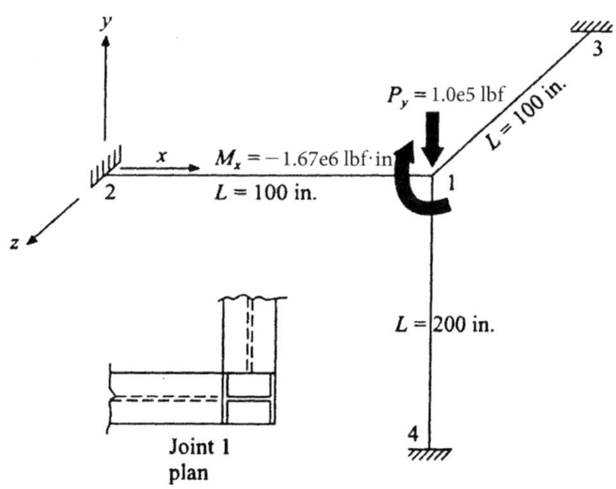

그림 4.2

1단계 ▶ 물성 정의(정의 후 기본 물성 삭제)

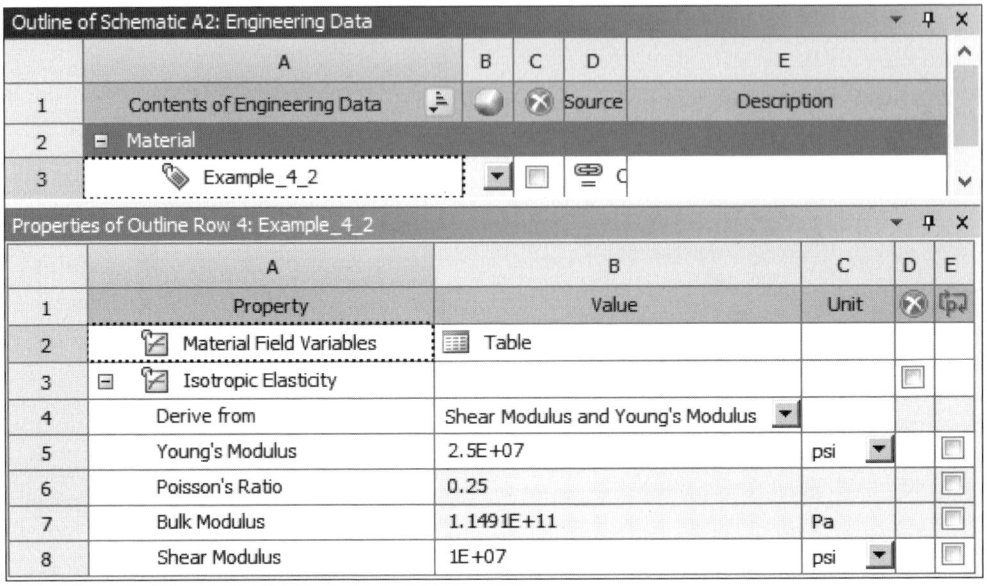

2단계 ▶ Geometry import

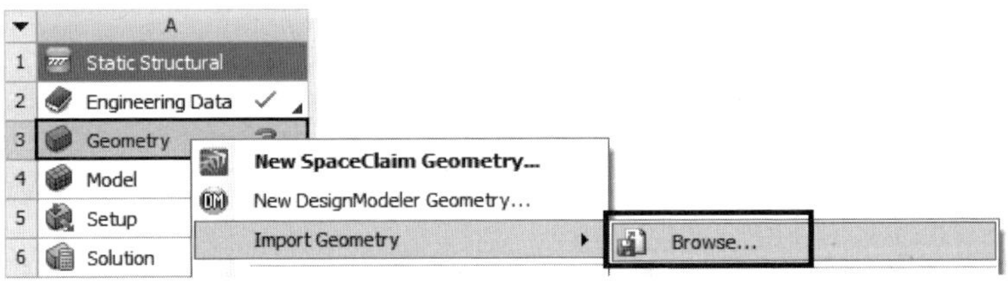

3단계 ▶ 유한요소 모델의 생성

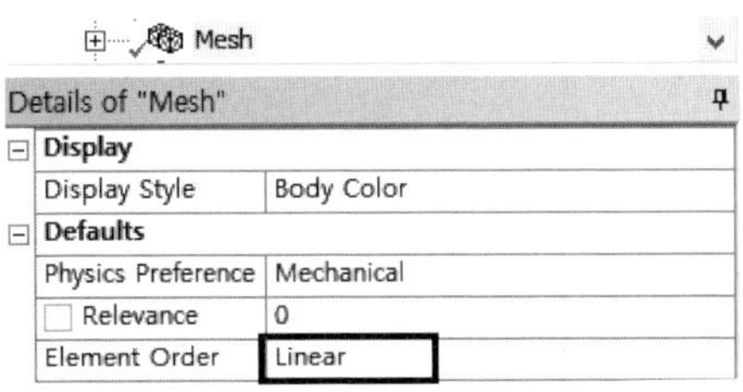

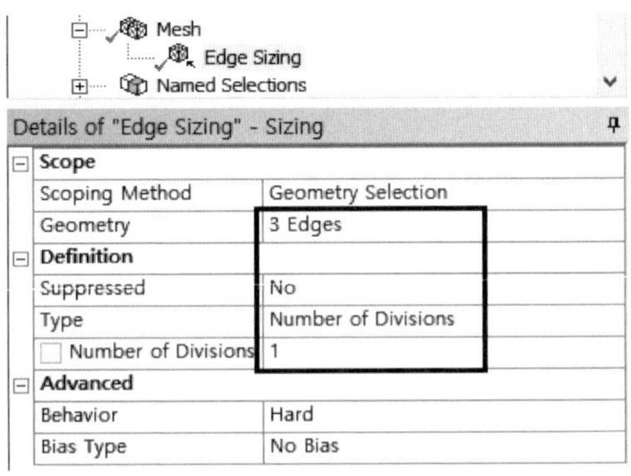

4단계 ▸ 하중과 경계조건의 적용

3개의 Beam의 End point에 Fixed Support / Beam이 모이는 point에 Force와 Moment

5단계 ▸ ANSYS Workbench 해석결과

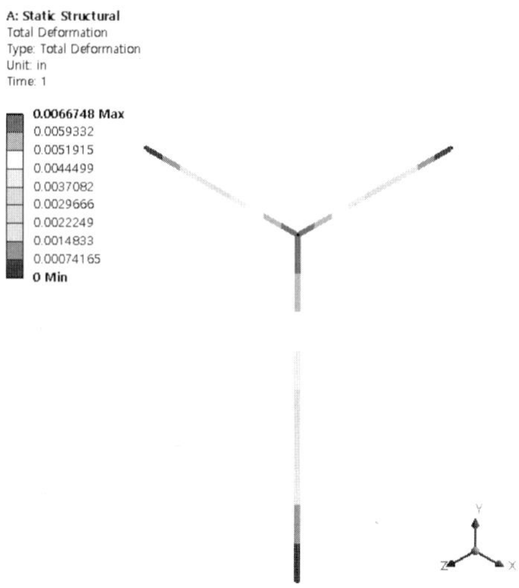

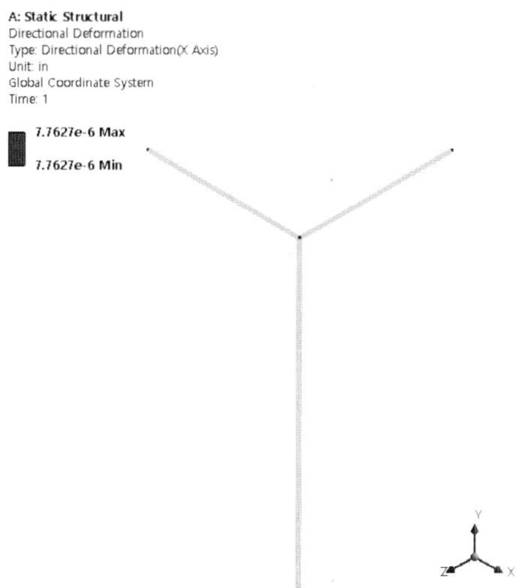

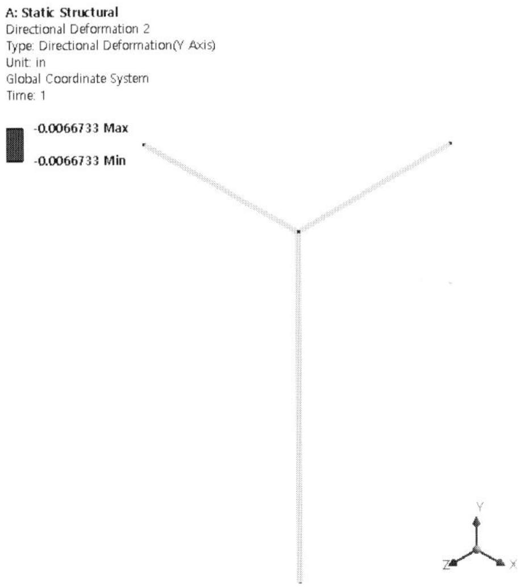

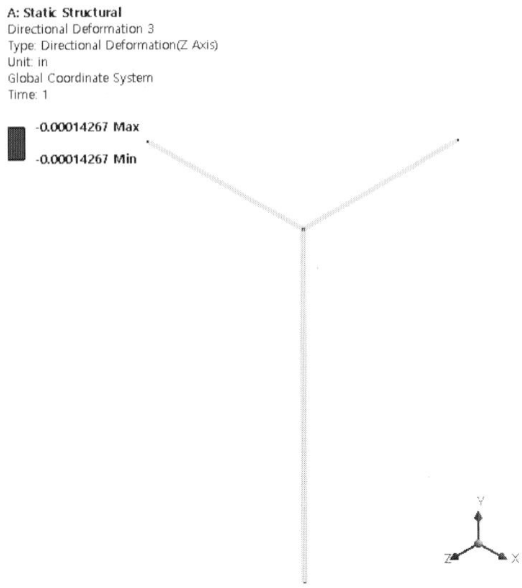

EXAMPLE | 4.3

그림 4.3과 같은 평면상의 프레임의 변위를 계산해보자. E = 210 GPa, I = 2.0×10^{-4} m^4이며, 보의 단면적은 1.0×10^{-2} m^2이다.

Example 4.3

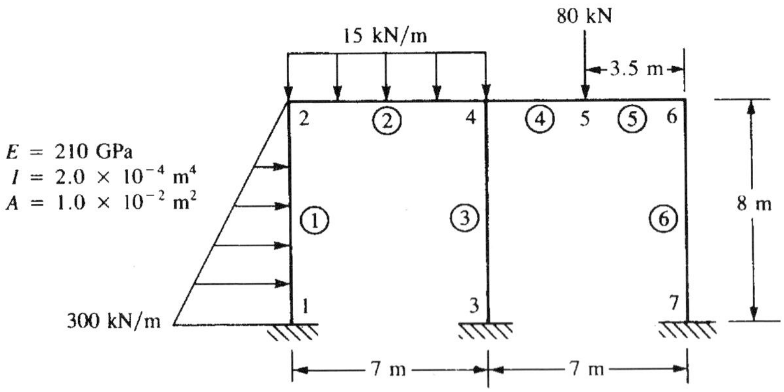

그림 4.3

1단계▸ Geometry import

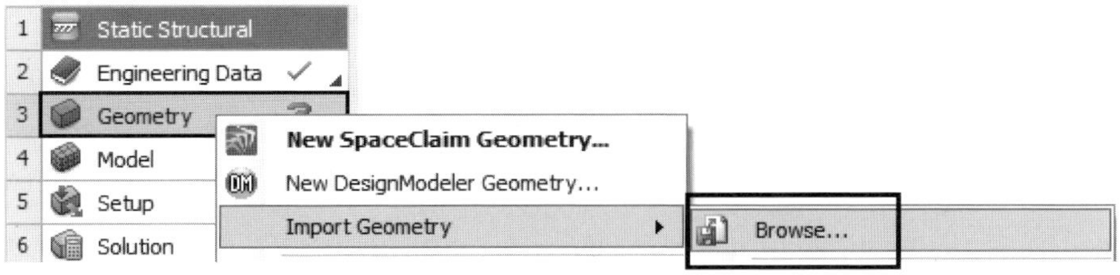

2단계 ▸ 유한요소 모델의 설정 및 생성

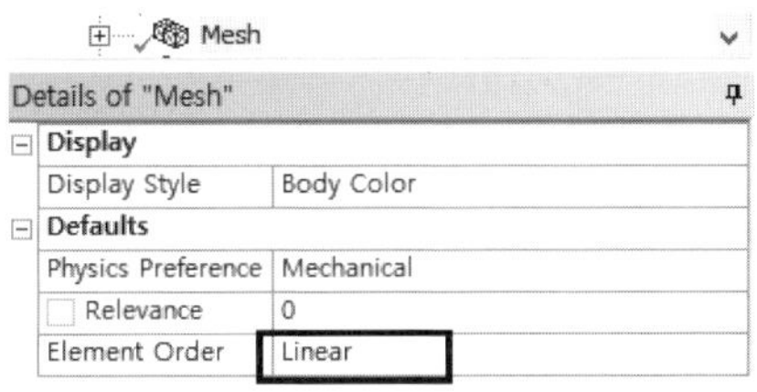

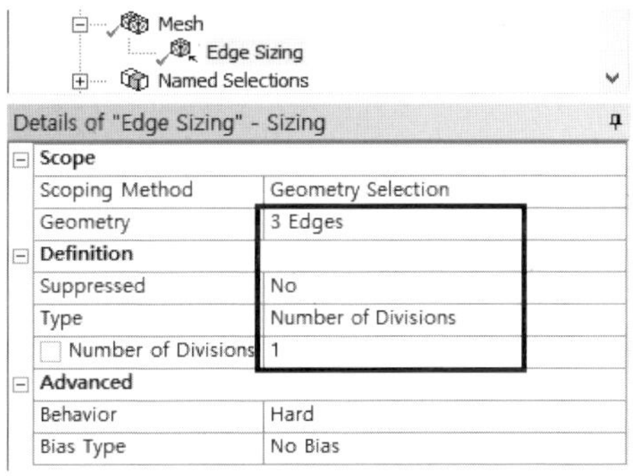

3단계 ▸ 하중과 경계조건의 적용

Beam 하단 3개의 point에 Fixed Support 적용

요소 Type 수정, Beam 속성 수정, 물성 수정, 하중입력

```
/prep7
ET,1000,3
R,1000,1e-2,2e-4
MP,EX,1000,210E9

emodif,all,type,1000
emodif,all,real,1000
emodif,all,mat,1000

/solu
sfbeam,5,,pres,300000,0
sfbeam,3,,pres,15000
F,3,Fy,-80000
```

4단계 ▸ ANSYS Workbench 해석결과

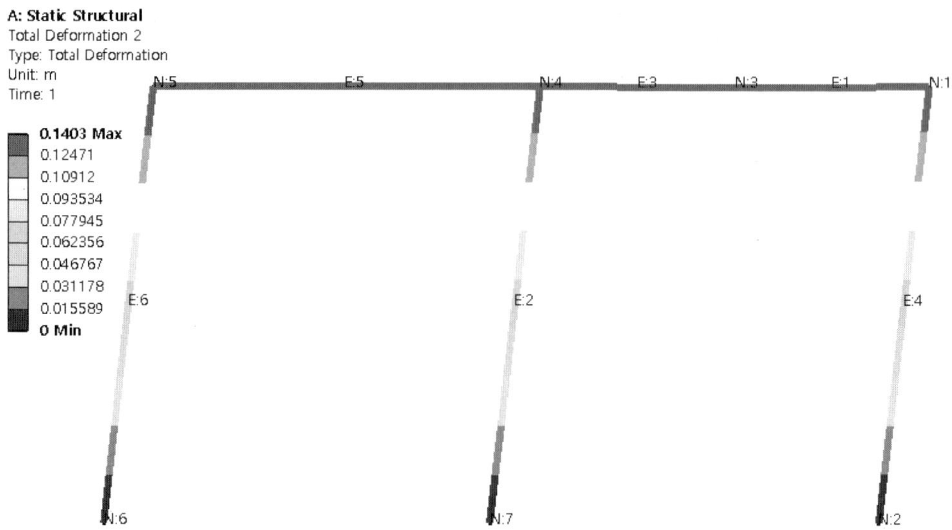

CHAPTER 05 A First Course In The **FINITE ELEMENT METHOD** Examples

평면응력, 평면 변형률 해석

EXAMPLE | 5.1

그림 5.1과 같이 오른쪽 끝단에 하중이 작용하는 외팔보를 평면 요소를 사용하여 해석해보자.

($E = 30 \times 10^6$ psi, $\nu = 0.3$, 두께 $t = 1$ in)

Example 5.1

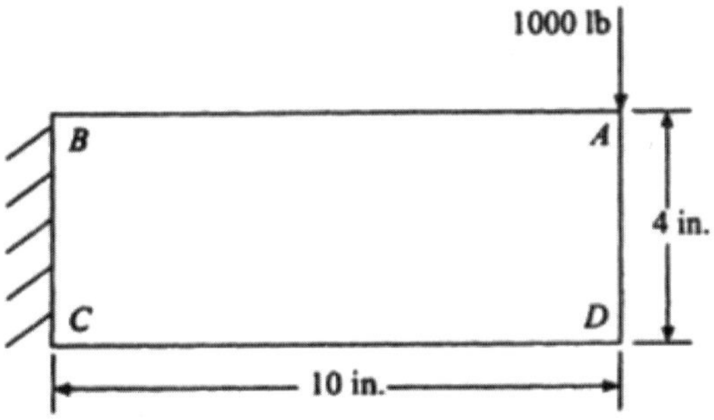

그림 5.1

EXAMPLE의 QR코드를 스캔하여 간편하게 예제별 동영상을 확인할 수 있습니다.
태성에스엔이 홈페이지(www.tsne.co.kr)에 회원가입 후 로그인하여 편리하게 이용할 수 있습니다.

1단계▶ 재료 물성치 정의

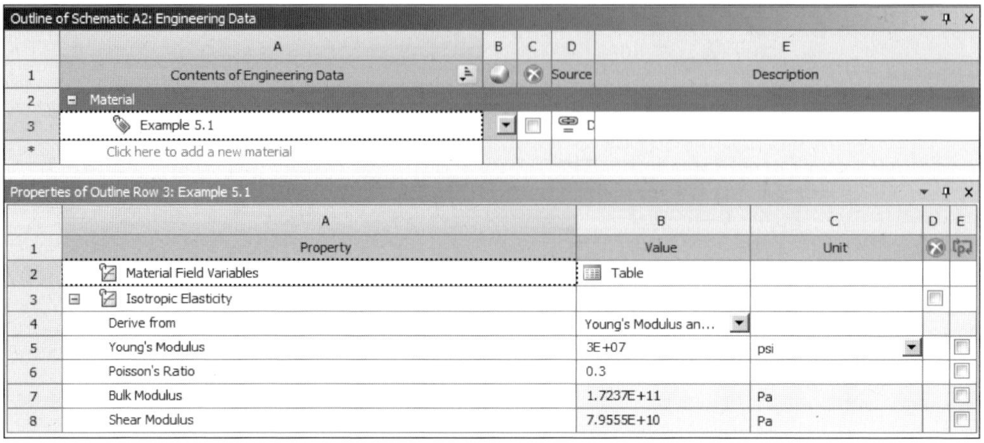
Outline of Schematic A2: Engineering Data

	A	B	C	D	E
1	Contents of Engineering Data			Source	Description
2	Material				
3	Example 5.1				
*	Click here to add a new material				

Properties of Outline Row 3: Example 5.1

	A	B	C	D	E
1	Property	Value	Unit		
2	Material Field Variables	Table			
3	Isotropic Elasticity				
4	Derive from	Young's Modulus an...			
5	Young's Modulus	3E+07	psi		
6	Poisson's Ratio	0.3			
7	Bulk Modulus	1.7237E+11	Pa		
8	Shear Modulus	7.9555E+10	Pa		

2단계 ▶ 유한요소 모델의 생성

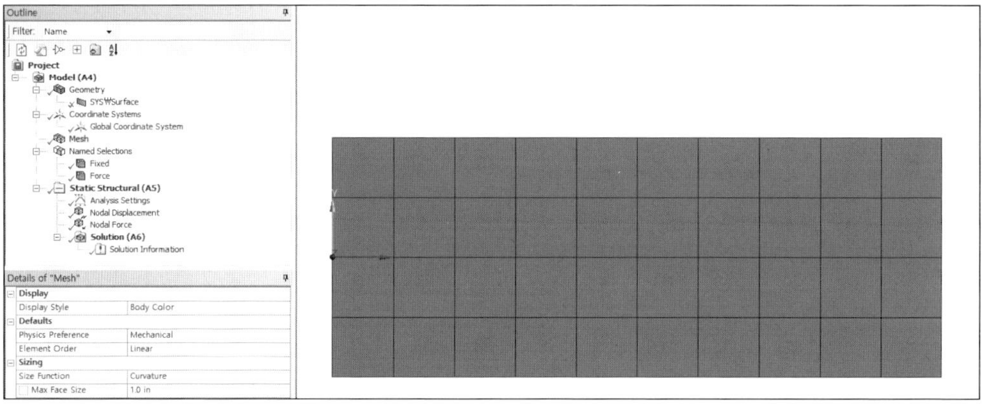

3단계 ▶ 하중과 경계조건의 적용

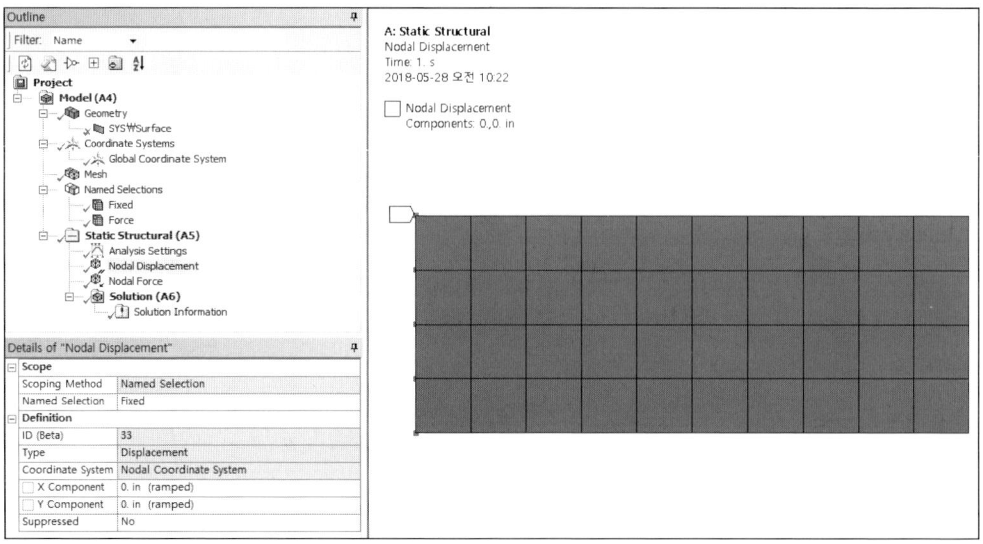

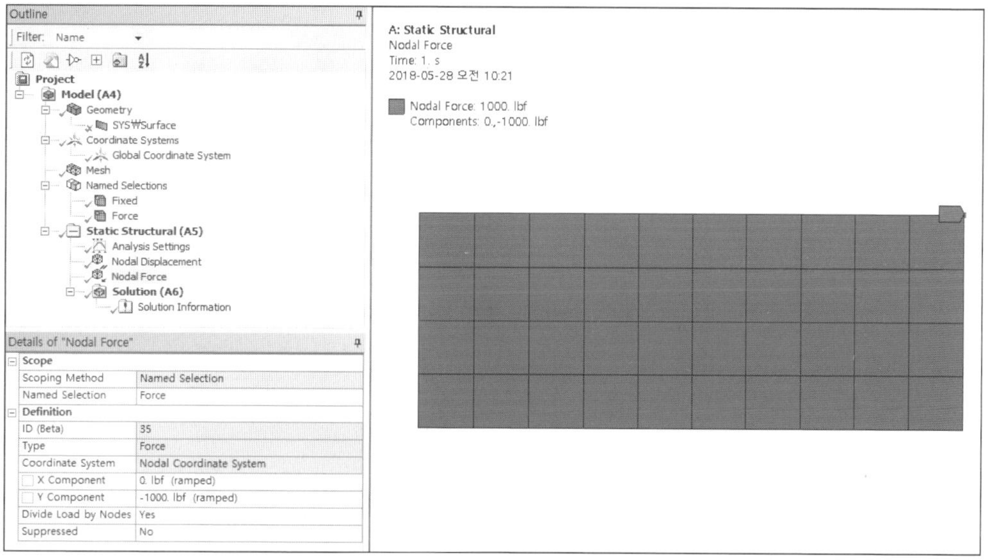

4단계 ▶ ANSYS Workbench 해석결과

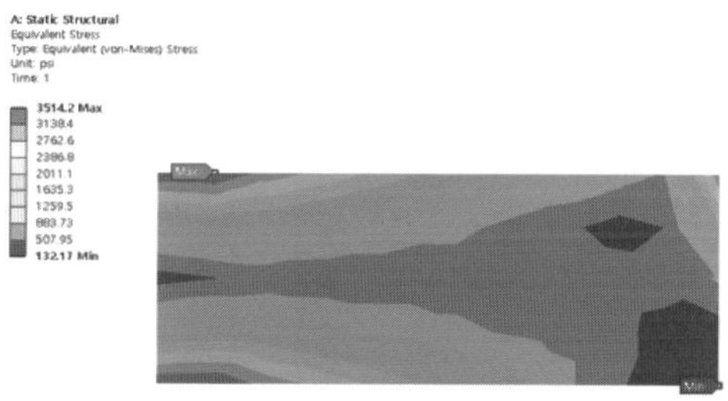

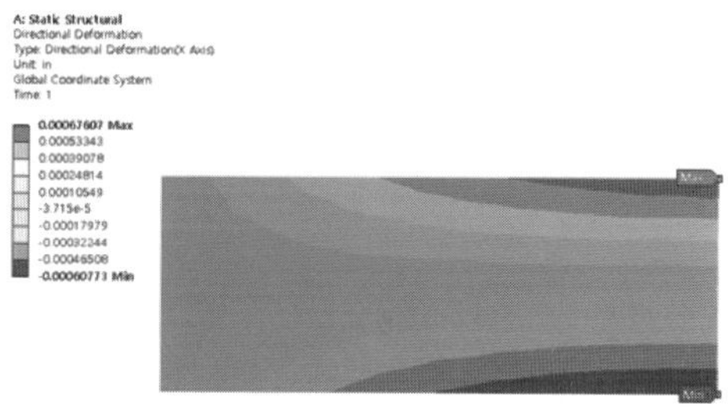

EXAMPLE | 5.2

그림 5.2와 같이 인장하중을 받고 있는 가운데 원형 구멍이 있는 평판을 해석해보자. 이 모델의 경우 기하학적 형상과 작용하는 하중이 모두 대칭이므로 전체 모델을 생성할 필요 없이 모델의 1/4만 모델링하여 해석하면 된다.

($E = 30 \times 10^6$ psi, $\nu = 0.3$, 두께 $t = 1$ in)

Example 5.2

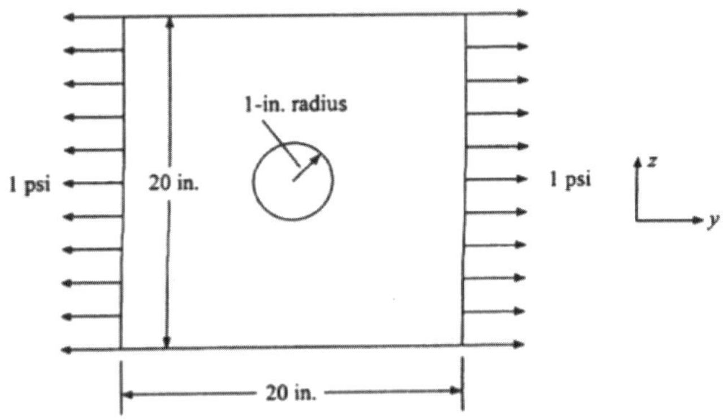

그림 5.2

1단계▸ 재료 물성치 정의

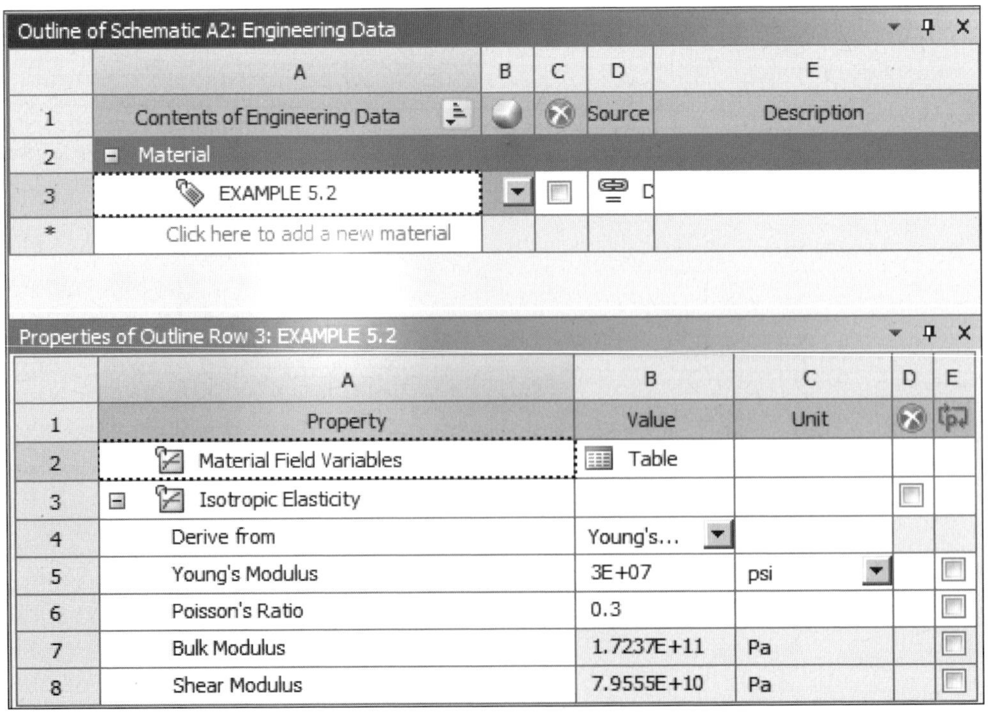

Outline of Schematic A2: Engineering Data

	A	B	C	D	E
1	Contents of Engineering Data			Source	Description
2	Material				
3	EXAMPLE 5.2			D	
*	Click here to add a new material				

Properties of Outline Row 3: EXAMPLE 5.2

	A	B	C	D	E
1	Property	Value	Unit		
2	Material Field Variables	Table			
3	Isotropic Elasticity				
4	Derive from	Young's...			
5	Young's Modulus	3E+07	psi		
6	Poisson's Ratio	0.3			
7	Bulk Modulus	1.7237E+11	Pa		
8	Shear Modulus	7.9555E+10	Pa		

2단계 ▶ 유한요소 모델의 생성

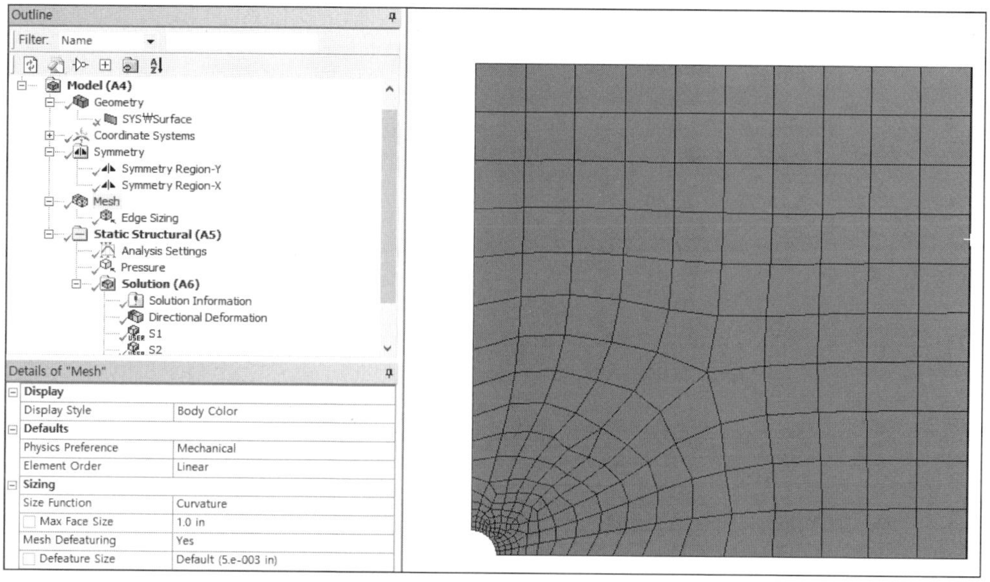

3단계 ▶ 하중과 경계조건의 적용

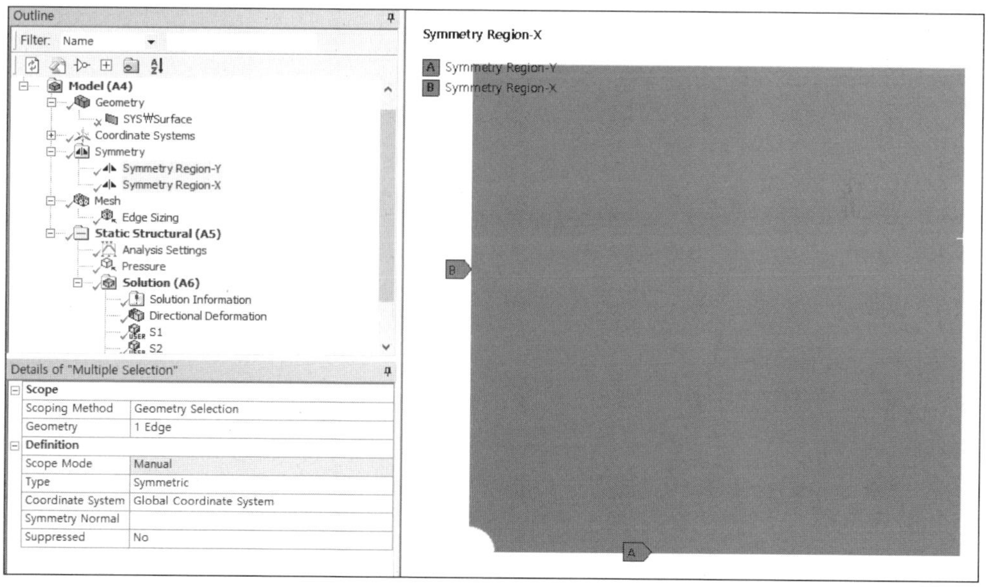

4단계 ▶ ANSYS Workbench 해석결과

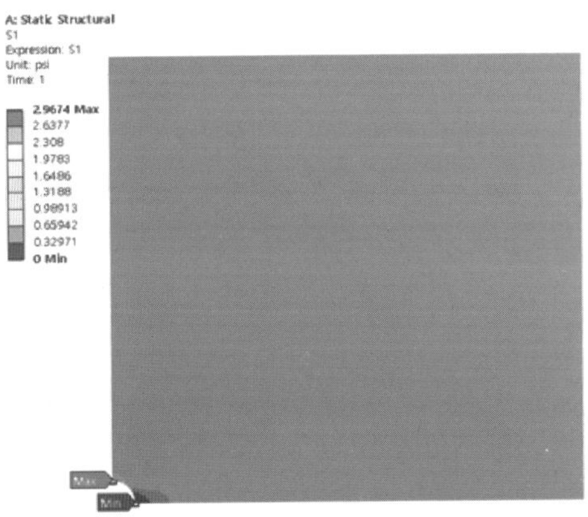

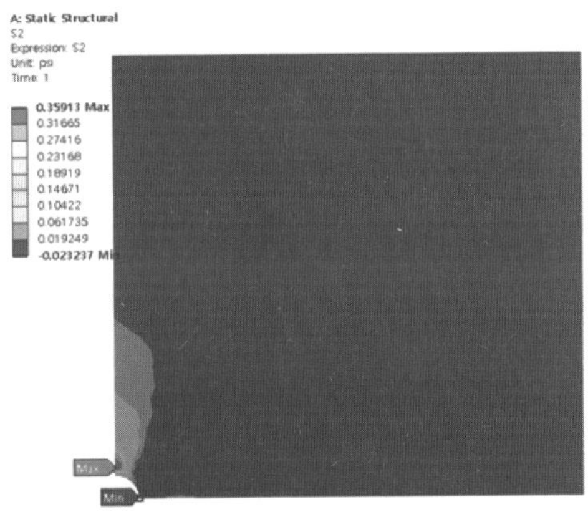

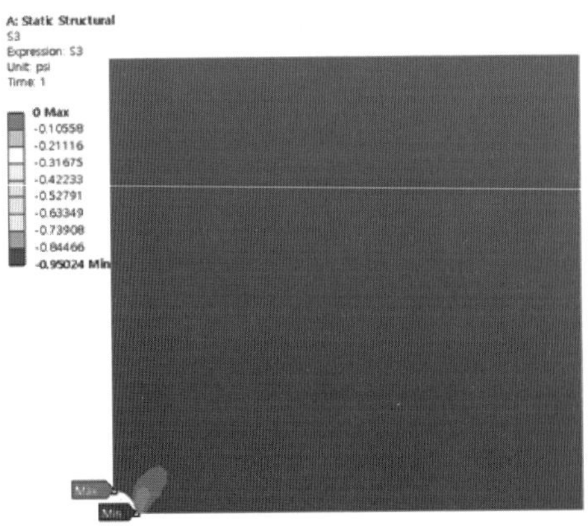

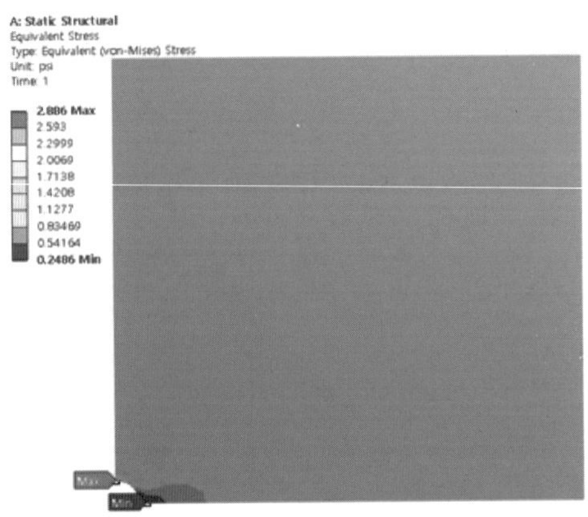

EXAMPLE | 5.3

그림 5.3과 같이 인장하중을 받고 있는 필렛이 있는 반무한 평판을 해석해보자. 앞의 예제와 마찬가지로 이 모델은 기하학적 형상과 작용하는 하중이 모두 대칭이므로 전체 모델을 생성할 필요 없이 모델의 1/4만 모델링하여 해석하면 된다.

($E = 30 \times 10^6$ psi, $\nu = 0.30$, 두께 $t = 1$ in)

Example 5.3

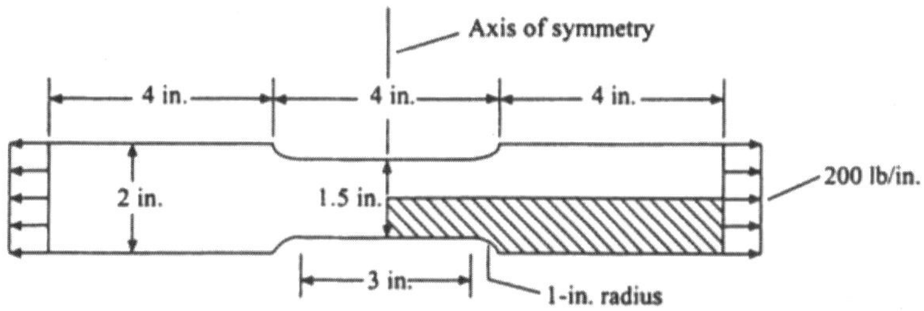

그림 5.3

1단계▶ 재료 물성치 정의

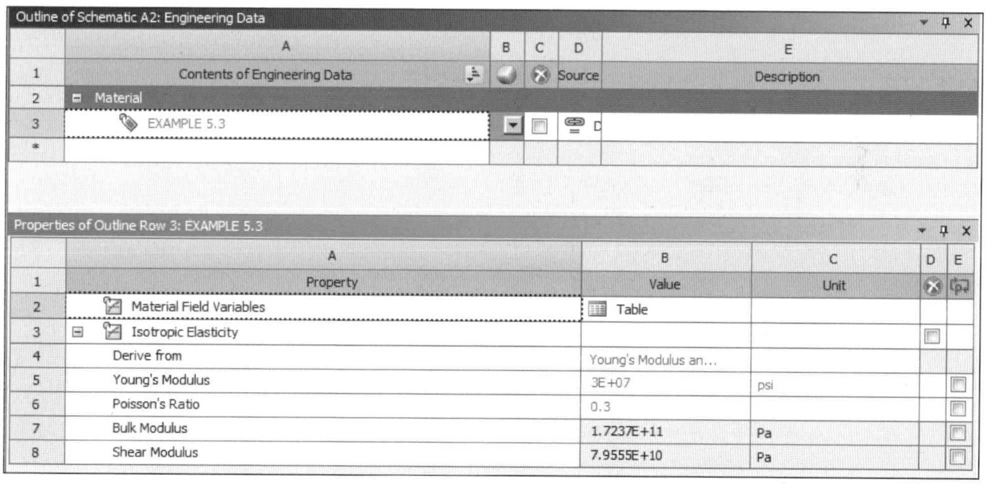

Outline of Schematic A2: Engineering Data

	A	B	C	D	E
1	Contents of Engineering Data			Source	Description
2	Material				
3	EXAMPLE 5.3				
*					

Properties of Outline Row 3: EXAMPLE 5.3

	A	B	C	D	E
1	Property	Value	Unit		
2	Material Field Variables	Table			
3	Isotropic Elasticity				
4	Derive from	Young's Modulus an...			
5	Young's Modulus	3E+07	psi		
6	Poisson's Ratio	0.3			
7	Bulk Modulus	1.7237E+11	Pa		
8	Shear Modulus	7.9555E+10	Pa		

2단계 ▶ 유한요소 모델의 생성

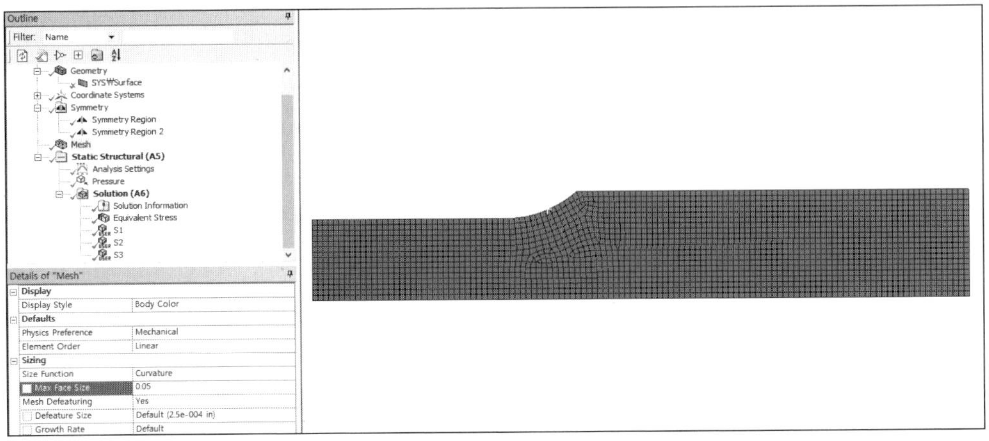

3단계 ▶ 하중과 경계조건의 적용

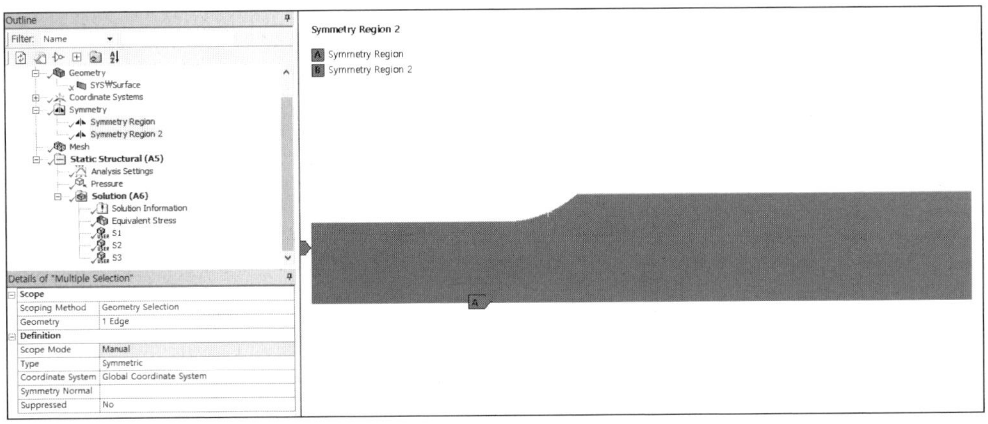

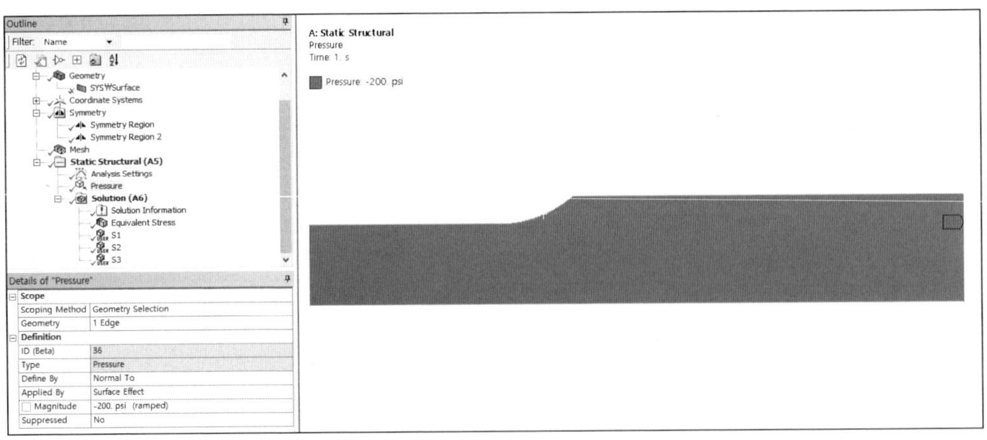

4단계 ▸ ANSYS Workbench 해석결과

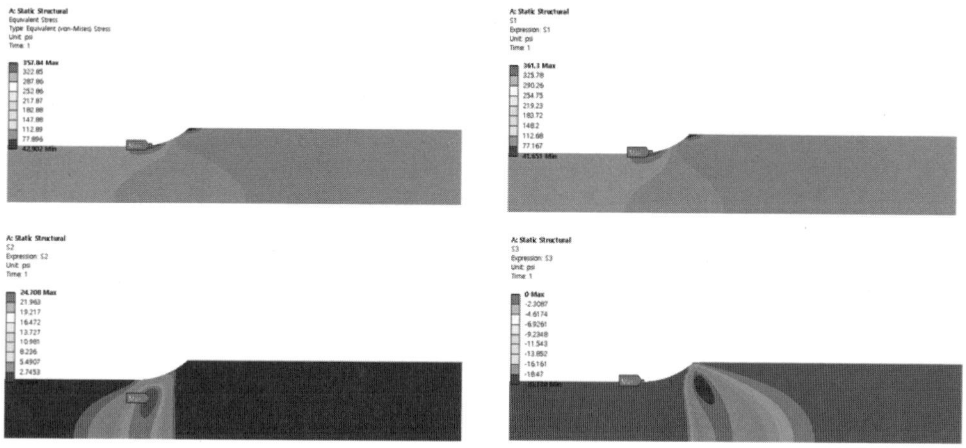

EXAMPLE | 5.4

그림 5.4와 같이 자전거용 렌치 모델에 대해 구조해석을 진행한다. 육면체 한쪽이 고정이 되며, 반대쪽 면에 그린과 같이 하중을 받는다. 해당 조건으로 유한요소 해석을 진행해보고 해석 후 응력 및 변형 분포를 확인한다.

(재질: E = 7.1 × 10^{10} Pa, ν= 0.33)

Example 5.4

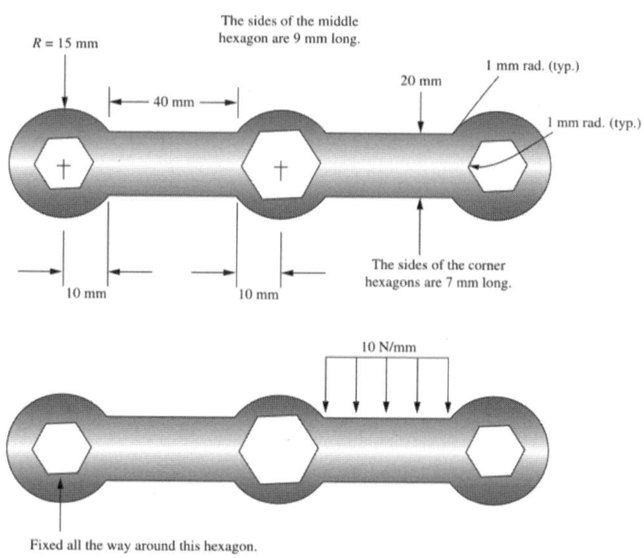

그림 5.4

1단계▸ 재료 물성치 정의

Outline of Schematic B2: Engineering Data

	A	B	C	D	E
1	Contents of Engineering Data			Source	Description
2	Material				
3	Aluminum Alloy			G	General aluminum alloy. Fatigue properties come from MIL-HDBK-5H, page 3-277.
4	Structural Steel			G	Fatigue Data at zero mean stress comes from 1998 ASME BPV Code, Section 8, Div 2, Table 5-110.1
*	Click here to add a new material				

Properties of Outline Row 3: Aluminum Alloy

	A	B	C	D	E
1	Property	Value	Unit		
2	Material Field Variables	Table			
3	Density	2770	kg m^-3		
4	Isotropic Secant Coefficient of Thermal Expansion				
6	Isotropic Elasticity				
7	Derive from	Young's M...			
8	Young's Modulus	7.1E+10	Pa		
9	Poisson's Ratio	0.33			
10	Bulk Modulus	6.9608E+10	Pa		
11	Shear Modulus	2.6692E+10	Pa		

2단계 ▸ 유한요소 모델의 생성

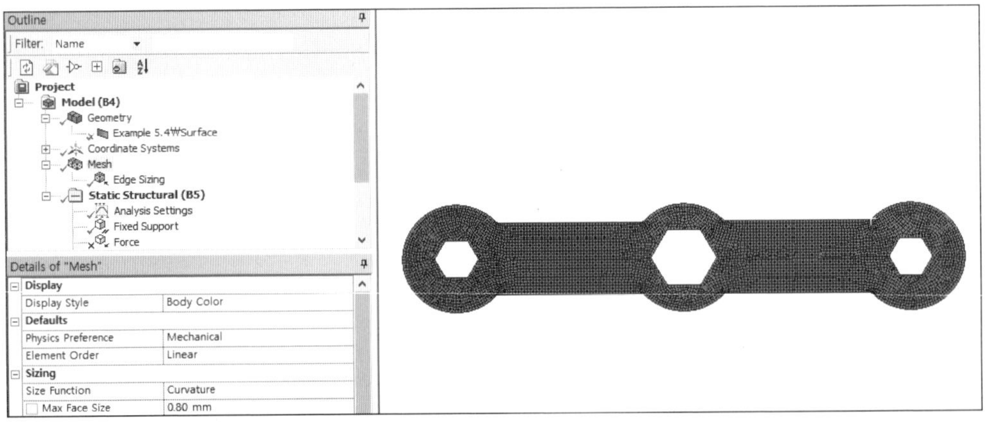

3단계 ▶ 하중과 경계조건의 적용

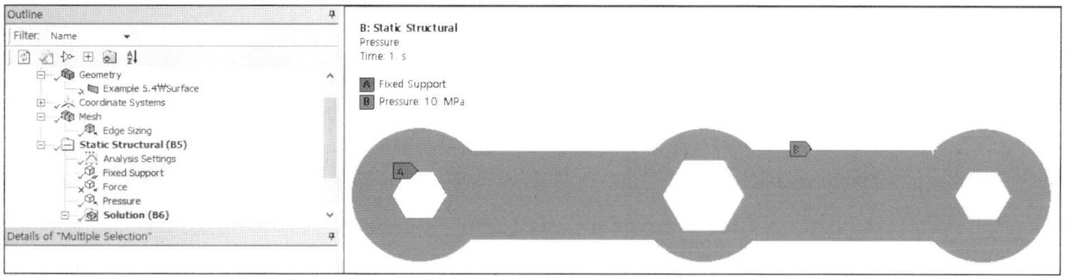

4단계 ▶ ANSYS Workbench 해석결과

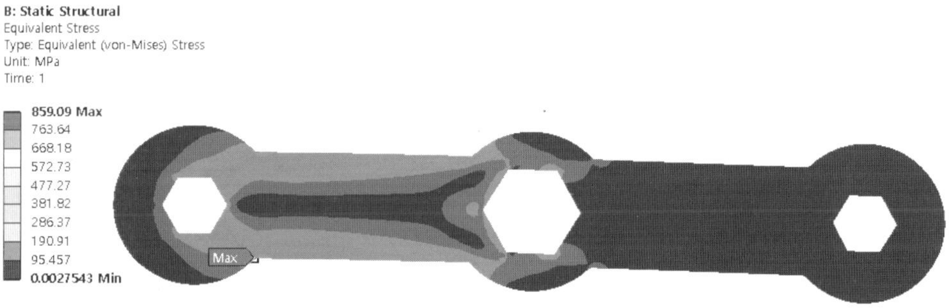

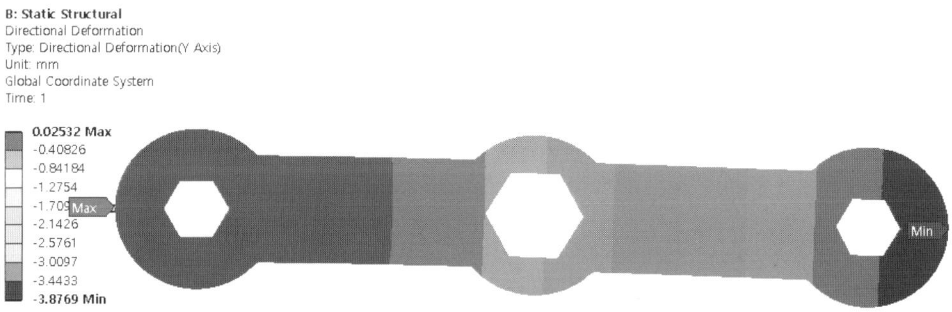

CHAPTER 06

축대칭 문제 해석

EXAMPLE 6.1

그림 6.1과 같이 1 psi의 내압을 받고 있는 두께가 두꺼운 실린더에 발생하는 원주응력을 구해보자.

($E = 30 \times 10^6$ psi, $\nu = 0.3$)

Example 6.1

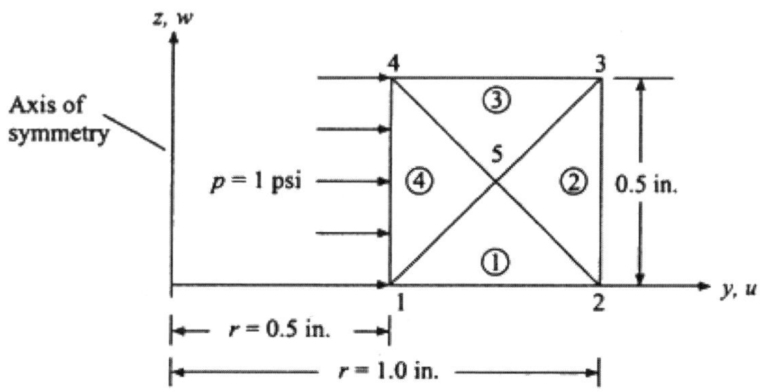

그림 6.1

EXAMPLE의 QR코드를 스캔하여 간편하게 예제별 동영상을 확인할 수 있습니다.
태성에스엔이 홈페이지(www.tsne.co.kr)에 회원가입 후 로그인하여 편리하게 이용할 수 있습니다.

1단계 ▶ 재료 물성치 정의

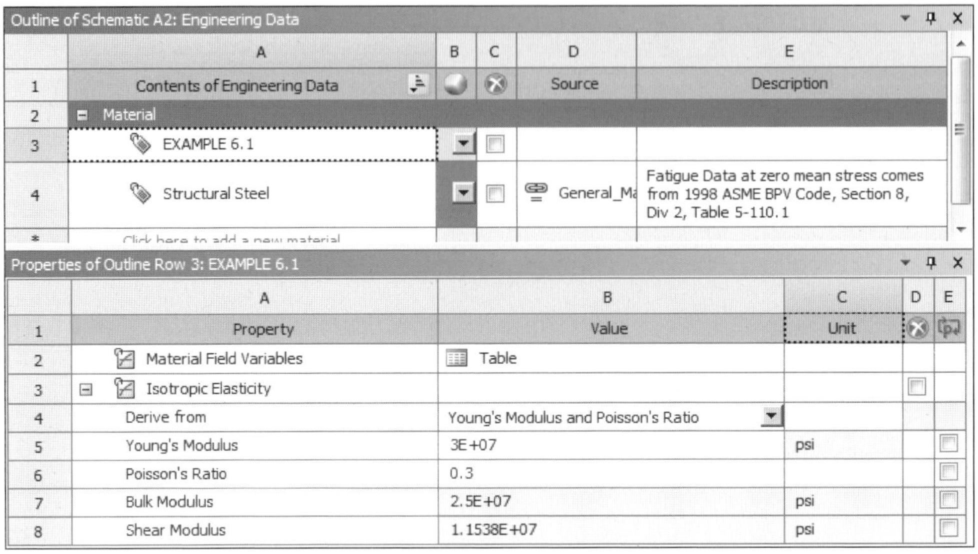

2단계 ▶ 유한요소 모델의 생성

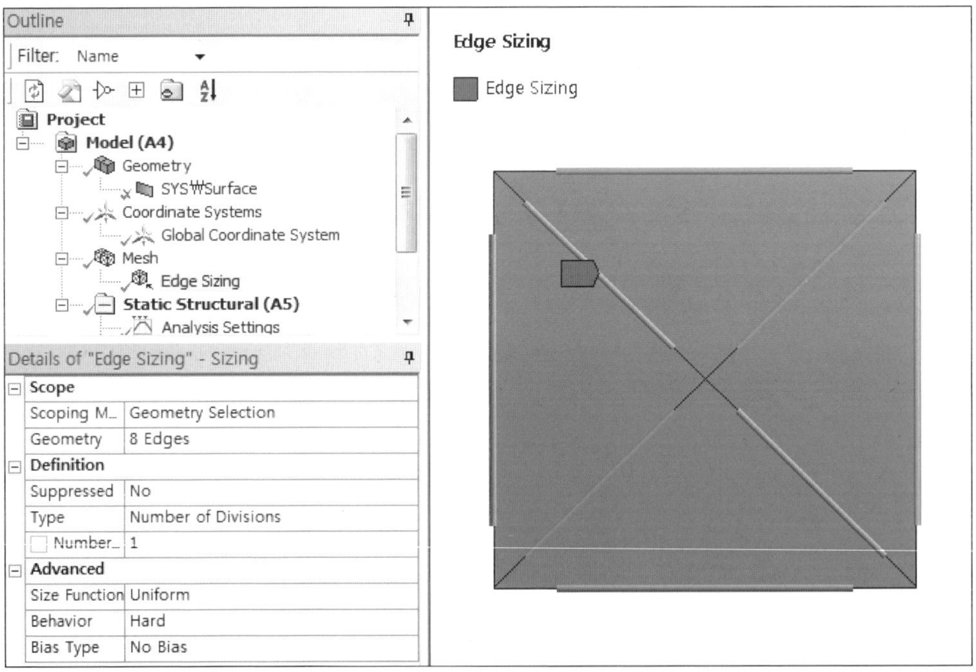

3단계 ▶ 하중과 경계조건의 적용

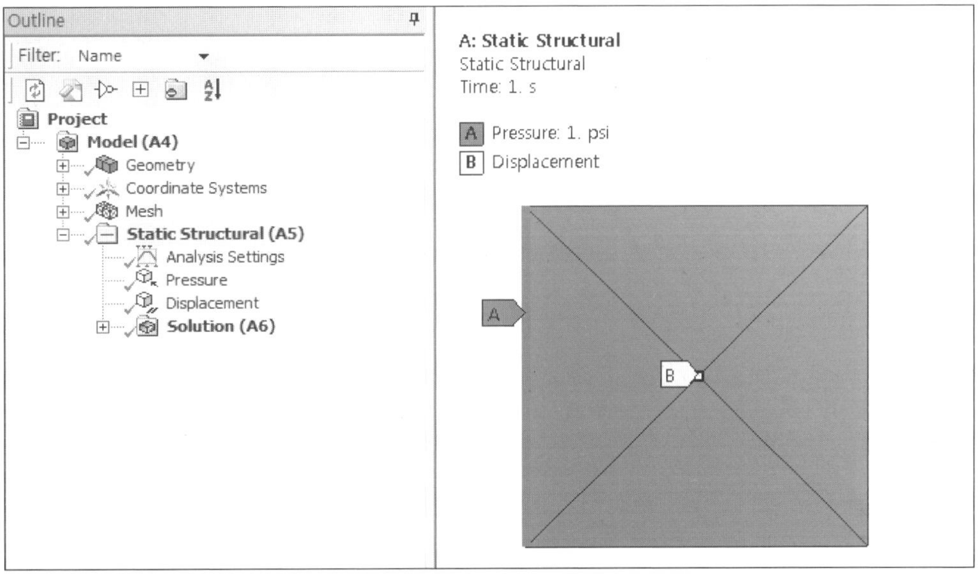

4단계 ▶ ANSYS Workbench 해석결과

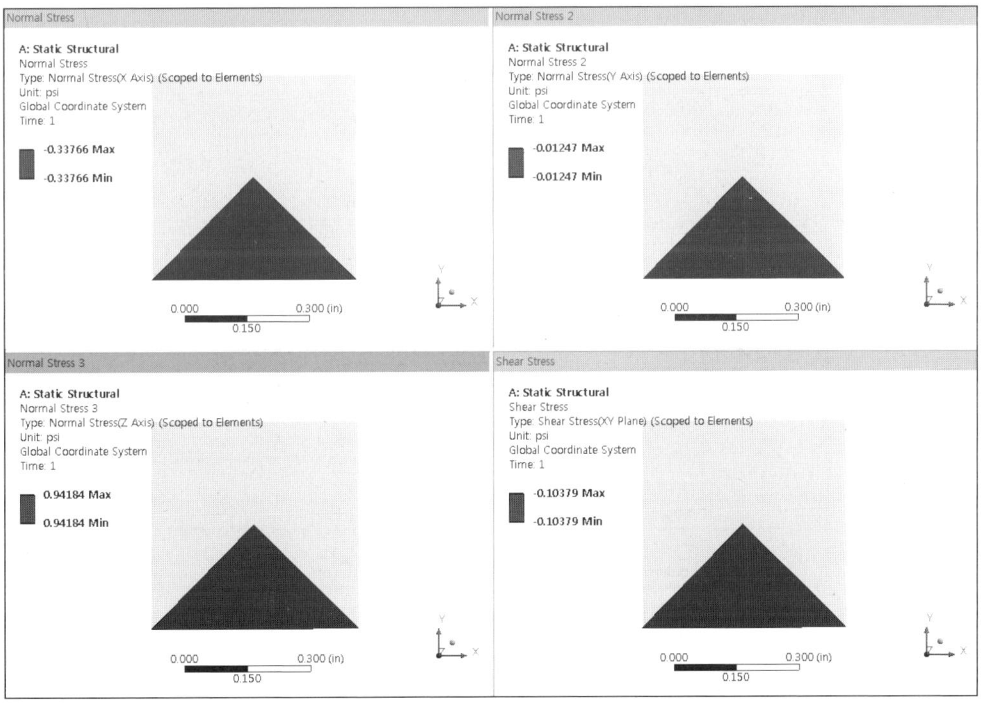

EXAMPLE 6.2

그림 6.2와 같이 일정한 각속도로 회전하고 있는 균일한 두께의 원형 평판의 원주응력을 계산해보자.

($E = 30 \times 10^6$ psi, $\nu = 0.25$, $\rho = 0.283$ lb/in^3)

Example 6.2

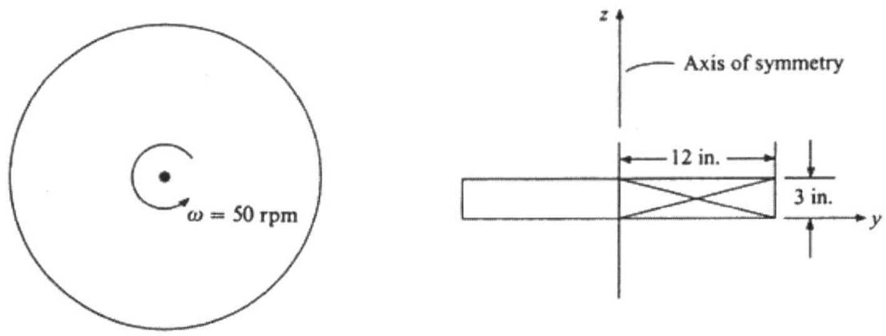

그림 6.2

1단계 ▶ 재료 물성치 정의

Outline of Schematic A2: Engineering Data

	A	B	C	D	E
1	Contents of Engineering Data			Source	Description
2	Material				
3	EXAMPLE 6.2				

Properties of Outline Row 3: EXAMPLE 6.2

	A	B	C	D	E
1	Property	Value	Unit		
2	Material Field Variables	Table			
3	Density	0.283	lb in^-3		
4	Isotropic Elasticity				
5	Derive from	Young's Modulus and Poisson's Ratio			
6	Young's Modulus	3E+07	psi		
7	Poisson's Ratio	0.25			
8	Bulk Modulus	2E+07	psi		
9	Shear Modulus	1.2E+07	psi		

2단계 ▸ 유한요소 모델의 생성

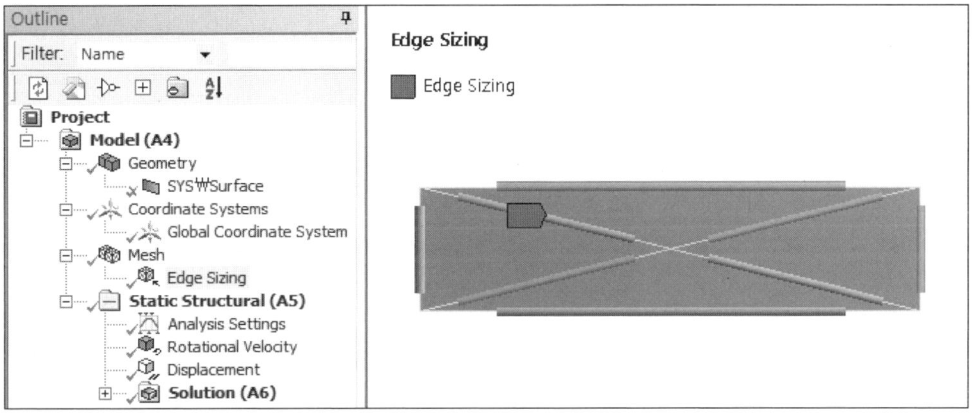

3단계 ▸ 하중과 경계조건의 적용

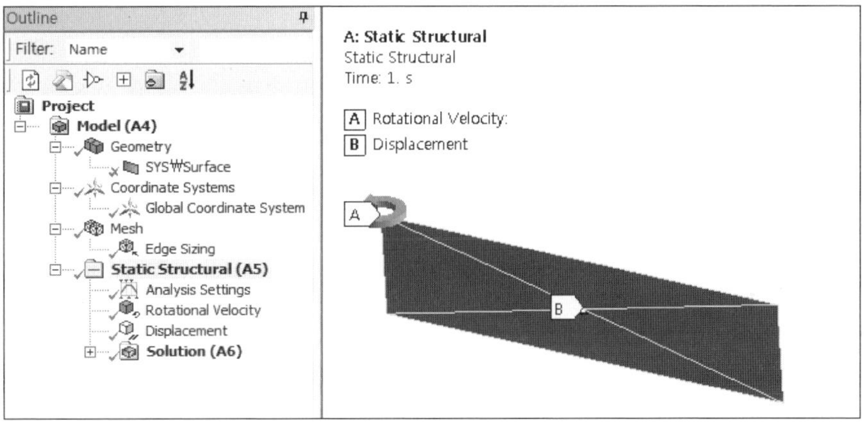

4단계 ▸ ANSYS Workbench 해석결과

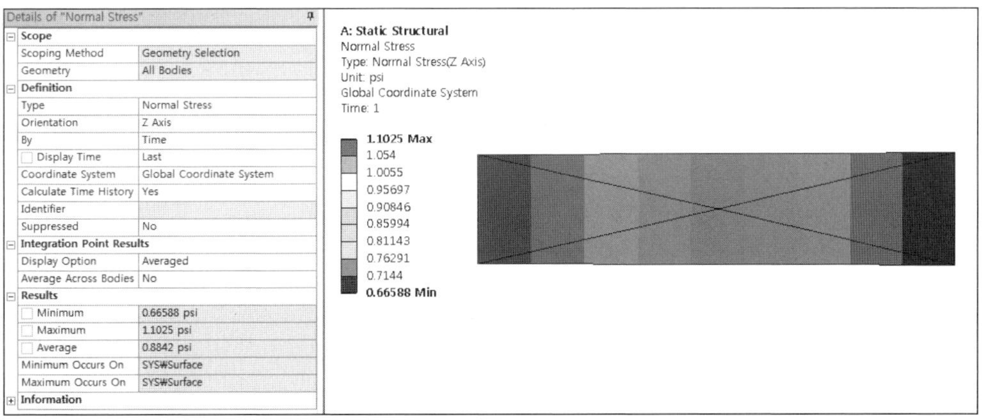

EXAMPLE | 6.3

그림 6.3과 같이 1000 psi의 인장하중을 받고 있는 필렛으로 연결된 반경이 다른 두 부분으로 연결된 중실축이 있고, 축하중에 의한 피로해석을 하기 위해서는 1000 psi의 평균 축하중에 대한 정확한 응력집중계수가 필요하다. 이 중실축의 응력집중계수를 ANSYS를 이용하여 계산해 보자.

$(E = 30 \times 10^6 \text{ psi}, \nu = 0.3)$

Example 6.3

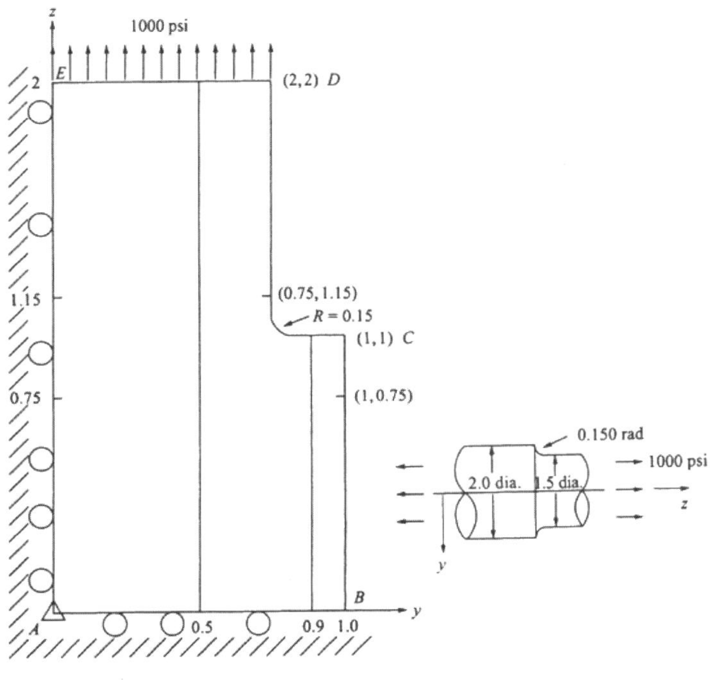

그림 6.3

1단계 ▶ 재료 물성치 정의

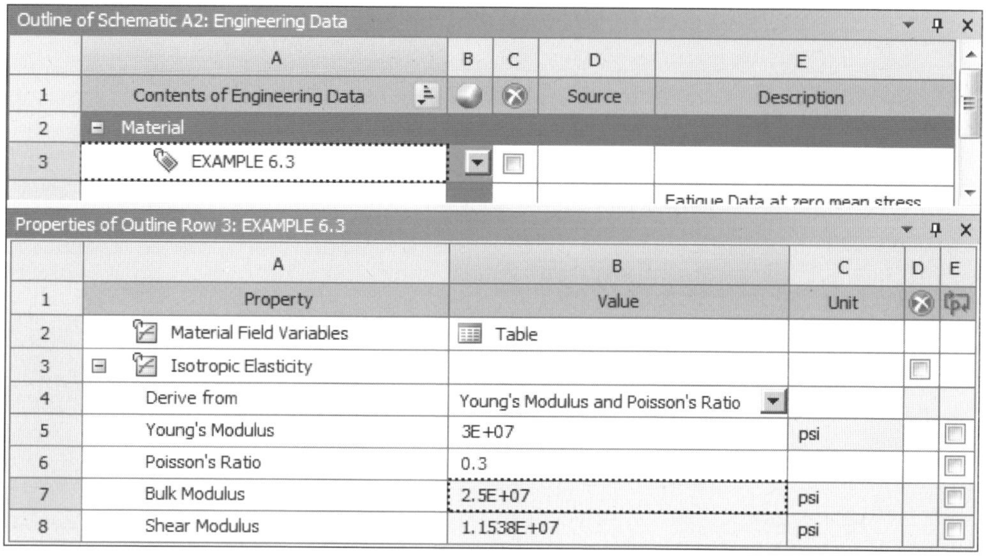

2단계 ▶ 유한요소 모델의 생성

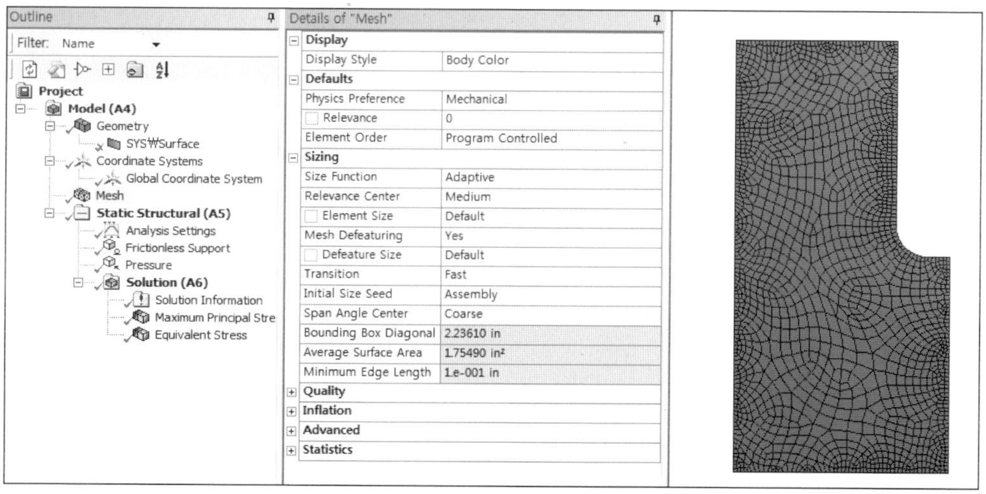

3단계 ▸ 하중과 경계조건의 적용

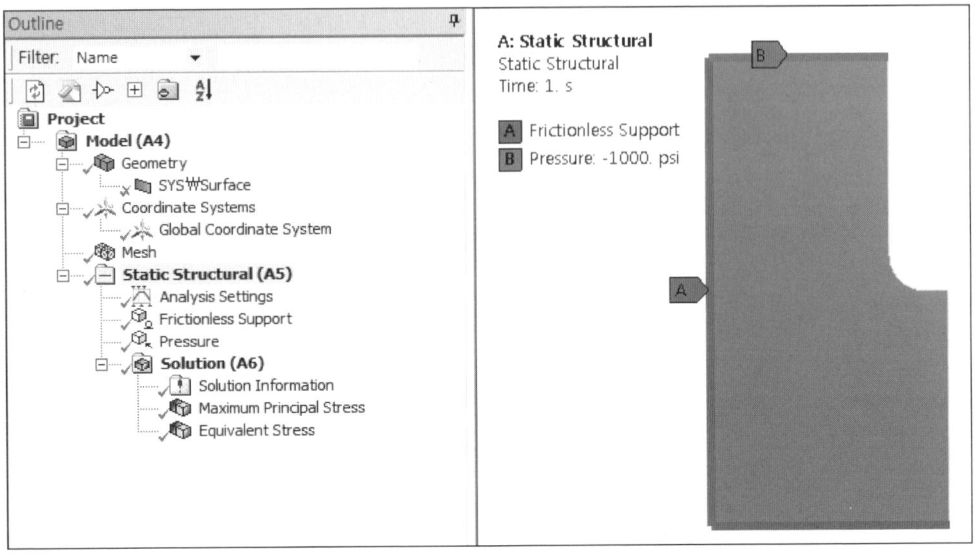

4단계 ▸ ANSYS Workbench 해석결과

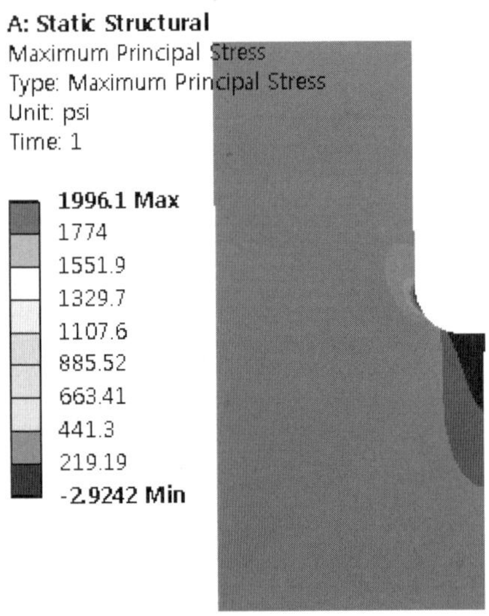

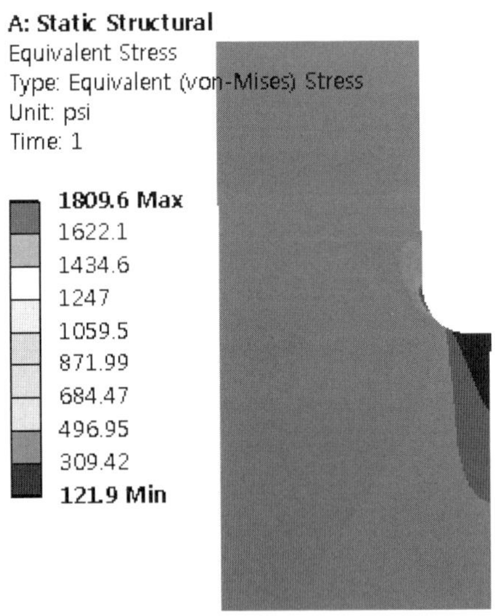

3차원 응력 해석

EXAMPLE | 7.1

이번 예제에서는 3차원 기하 모델을 생성하고 여기에 요소를 직접 생성하는 방법을 이용해본다. 보의 길이는 100 in, 높이 4 in, 두께 1 in, $E = 30 \times 10^6$ psi, $\nu = 0.3$이고, 오른쪽 자유단에 작용하는 하중은 1000 lb이다(그림 7.1).

Example 7.1

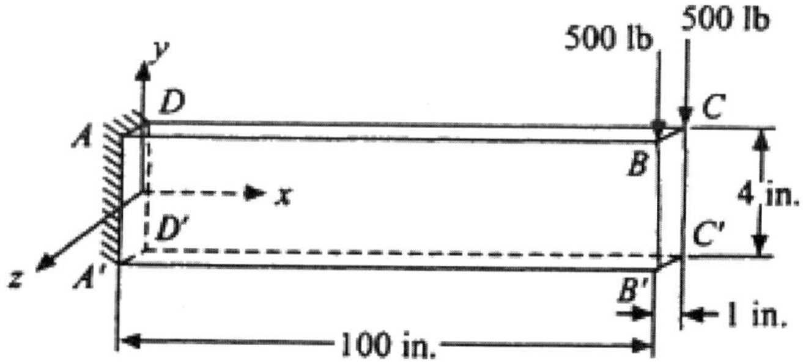

그림 7.1

EXAMPLE의 QR코드를 스캔하여 간편하게 예제별 동영상을 확인할 수 있습니다.
태성에스엔이 홈페이지(www.tsne.co.kr)에 회원가입 후 로그인하여 편리하게 이용할 수 있습니다.

1단계 ▸ 재료 물성치 정의

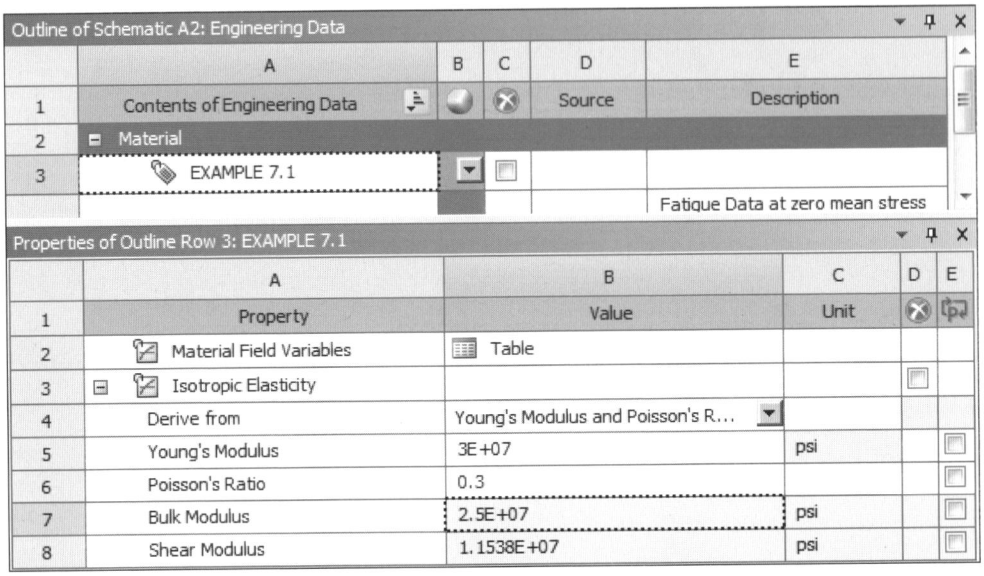

2단계 ▸ 유한요소 모델의 생성

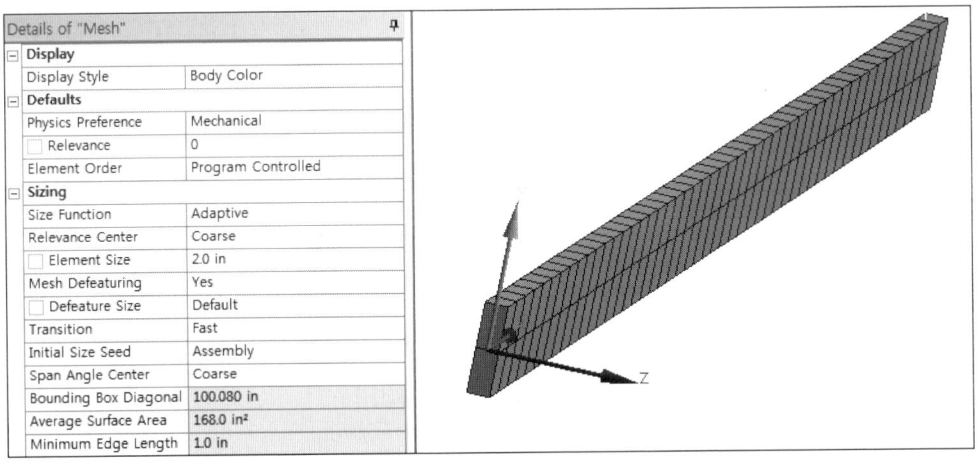

3단계 ▶ 하중과 경계조건의 적용

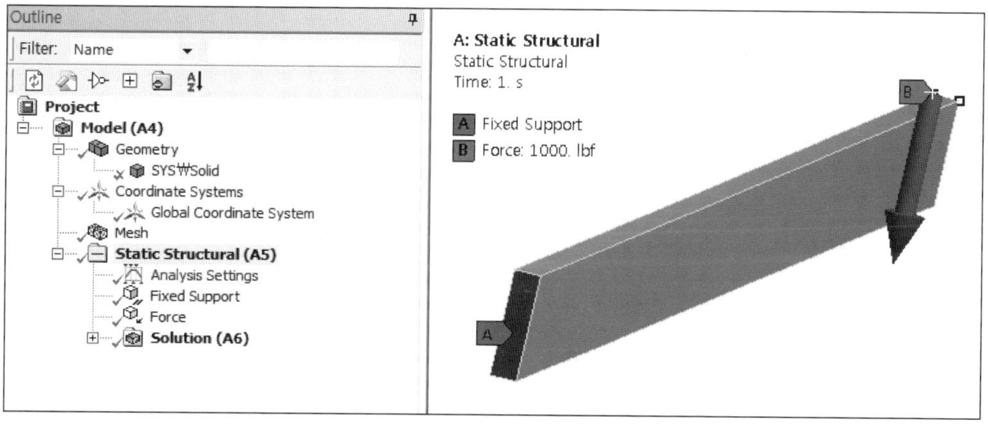

4단계 ▶ ANSYS Workbench 해석결과

EXAMPLE | 7.2

그림 7.2와 같이 패달의 끝단에 집중하중을 받고 있는 3차원 모델을 해석해보자.

$$(E = 30 \times 10^6 \text{ psi}, \nu = 0.3)$$

Example 7.2

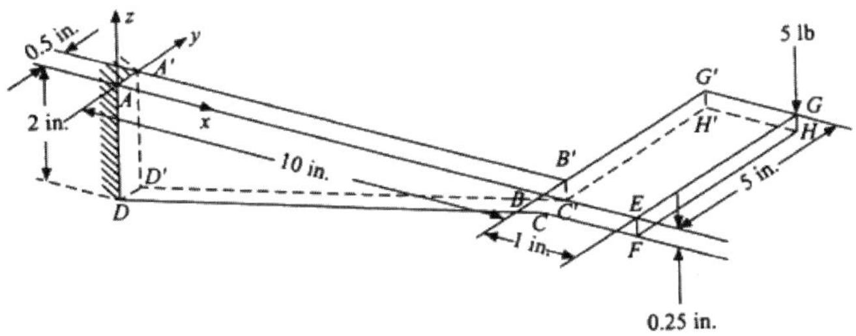

그림 7.2

1단계 ▸ 재료 물성치 정의

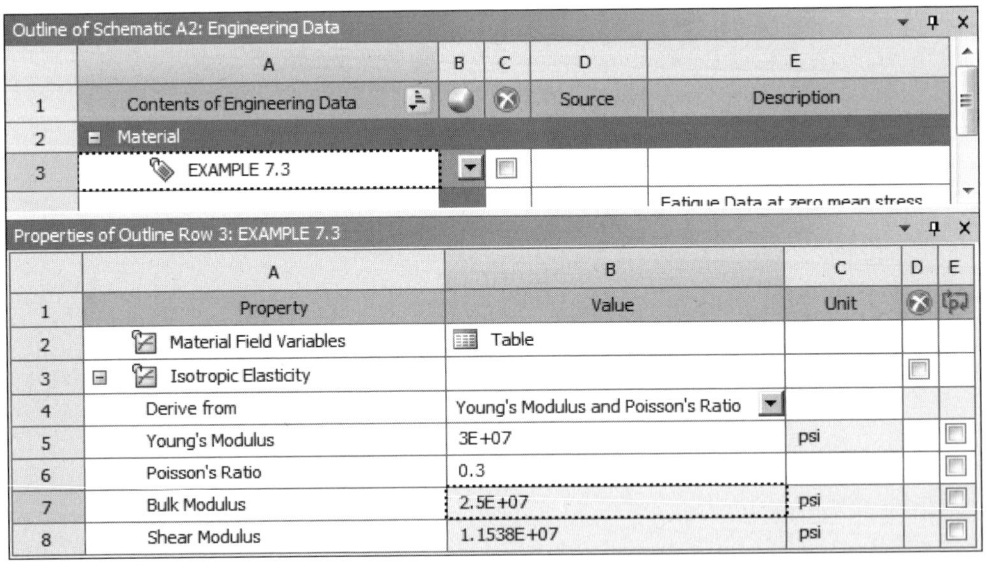

2단계 ▶ 유한요소 모델의 생성

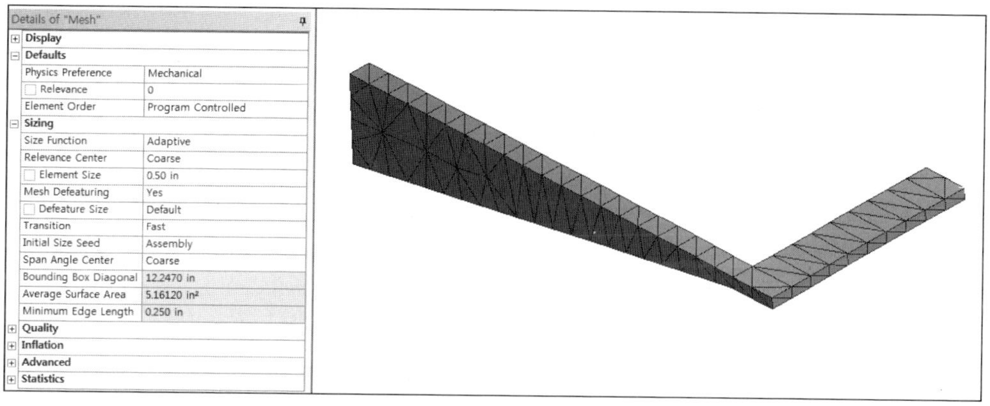

3단계 ▶ 하중과 경계조건의 적용

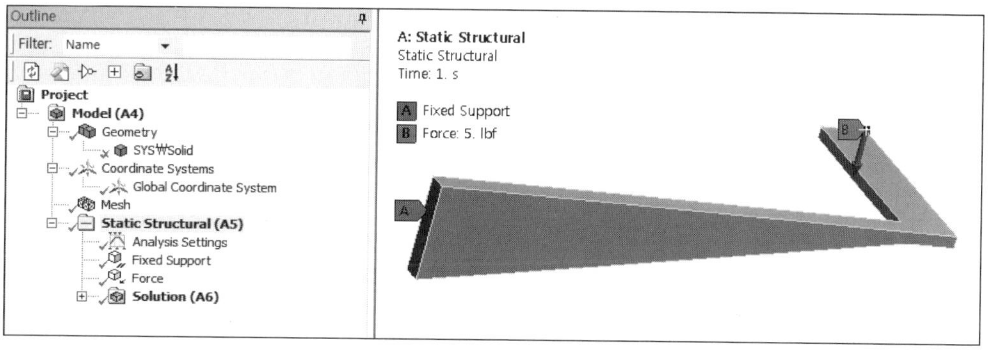

4단계 ▶ ANSYS Workbench 해석결과

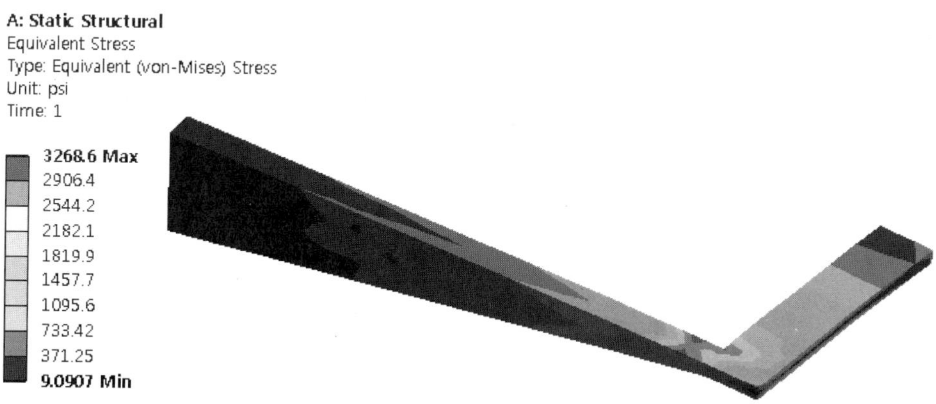

EXAMPLE 7.3

그림 7.3은 육각형 단면으로 이루어진 "Allen" 렌치를 나타낸 것이다. 렌치의 단면의 지름은 5 mm이며, 재질은 quenched, tempered steel로 탄성계수는 200 GPa, 푸아송 비는 0.29, 항복강도는 615 MPa이다. 경계조건으로 바닥으로부터 2.5 mm 깊이 부분을 고정하고, 하중은 렌치의 수평 끝으로부터 25 mm 떨어진 부분에 균일하중 125 N이 수평방향으로 가해질 때 렌치에서 발생하는 최대 등가응력과 최대 변형량을 확인해라.

Example 7.3

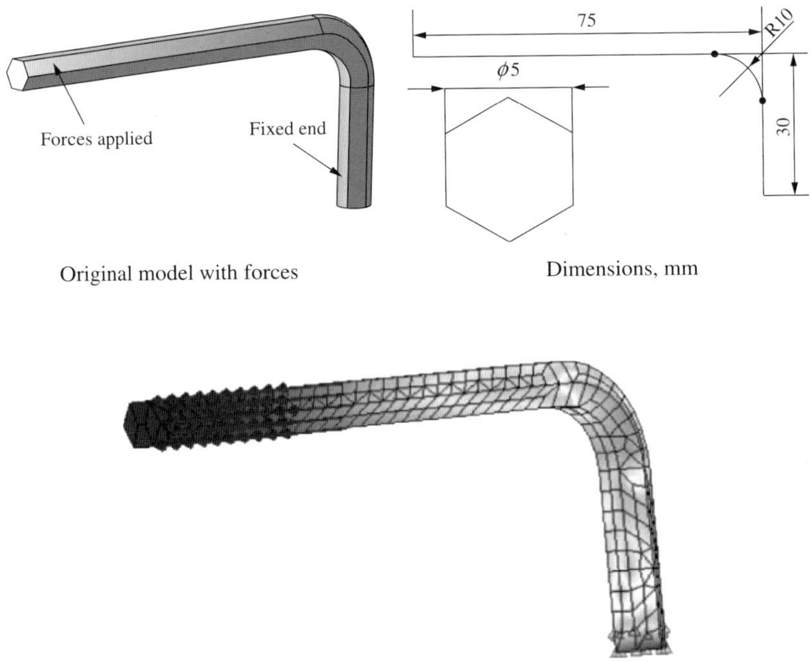

그림 7.3

1단계 ▸ 재료 물성치 정의

Outline of Schematic A2: Engineering Data

	A	B	C	D	E
1	Contents of Engineering Data			Source	Description
2	⊟ Material				
3	Example_7_3				
4	Structural Steel			G	Fatigue Data at zero mean stress comes from 1998 ASME BPV Code, Section 8, Div 2, Table 5-110.1
*	Click here to add a new material				

Properties of Outline Row 3: Example_7_3

	A	B	C
1	Property	Value	Unit
2	Material Field Variables	Table	
3	Isotropic Elasticity		
4	Derive from	Young's Mod...	
5	Young's Modulus	2E+11	Pa
6	Poisson's Ratio	0.29	
7	Bulk Modulus	1.5873E+11	Pa
8	Shear Modulus	7.7519E+10	Pa
9	Tensile Yield Strength	615	MPa

2단계 ▸ 유한요소 모델의 생성

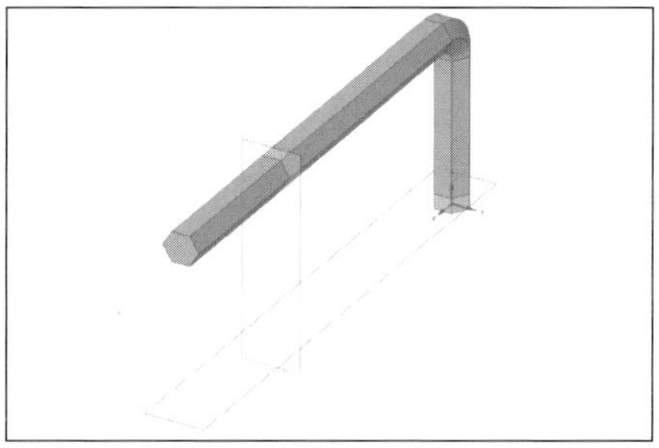

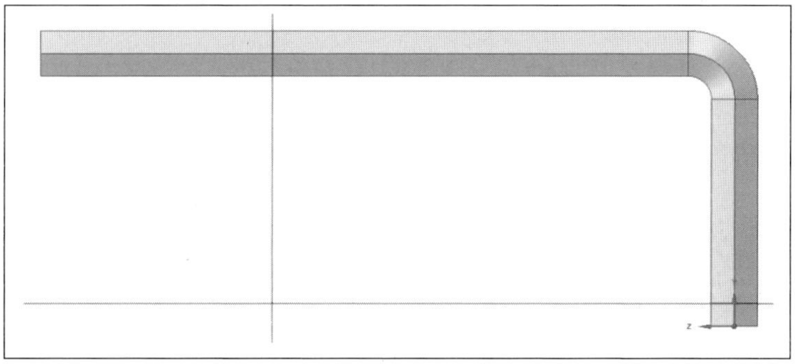

3단계 ▸ 하중과 경계조건의 적용

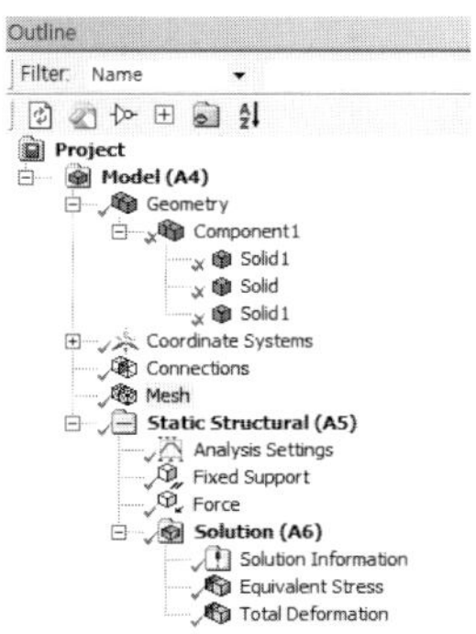

Details of "Mesh"

Display	
Display Style	Body Color
Defaults	
Physics Preference	Mechanical
Relevance	0
Element Order	Program Controlled
Sizing	
Size Function	Adaptive
Relevance Center	Medium
Element Size	Default
Mesh Defeaturing	Yes
Defeature Size	Default
Transition	Fast
Initial Size Seed	Assembly
Span Angle Center	Coarse
Bounding Box Di...	84.2370 mm
Average Surface ...	53.0670 mm²
Minimum Edge L...	2.50 mm
Quality	
Inflation	
Advanced	
Statistics	
Nodes	22585
Elements	4646

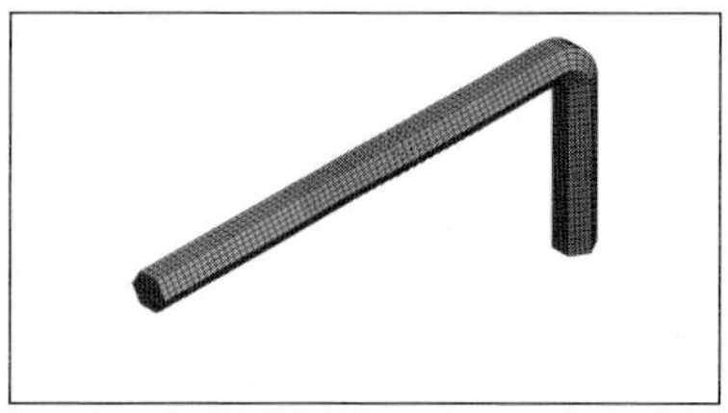

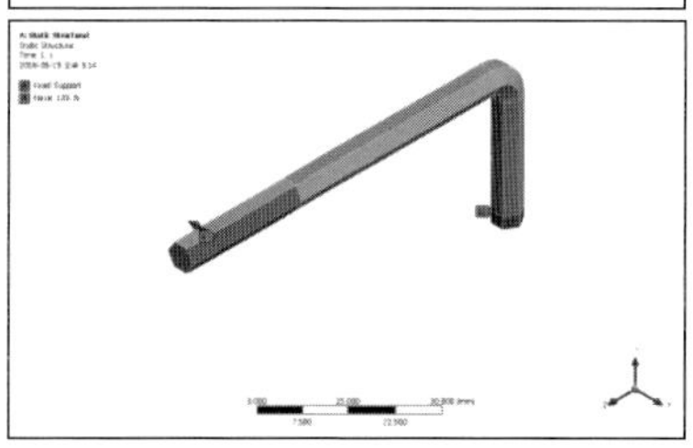

4단계 ▸ ANSYS Workbench 해석결과

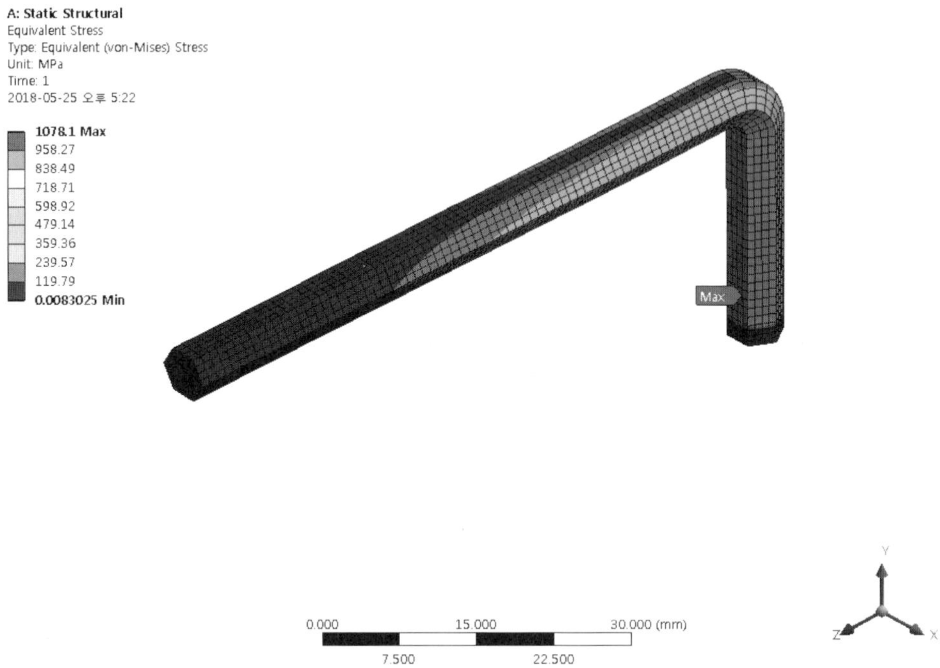

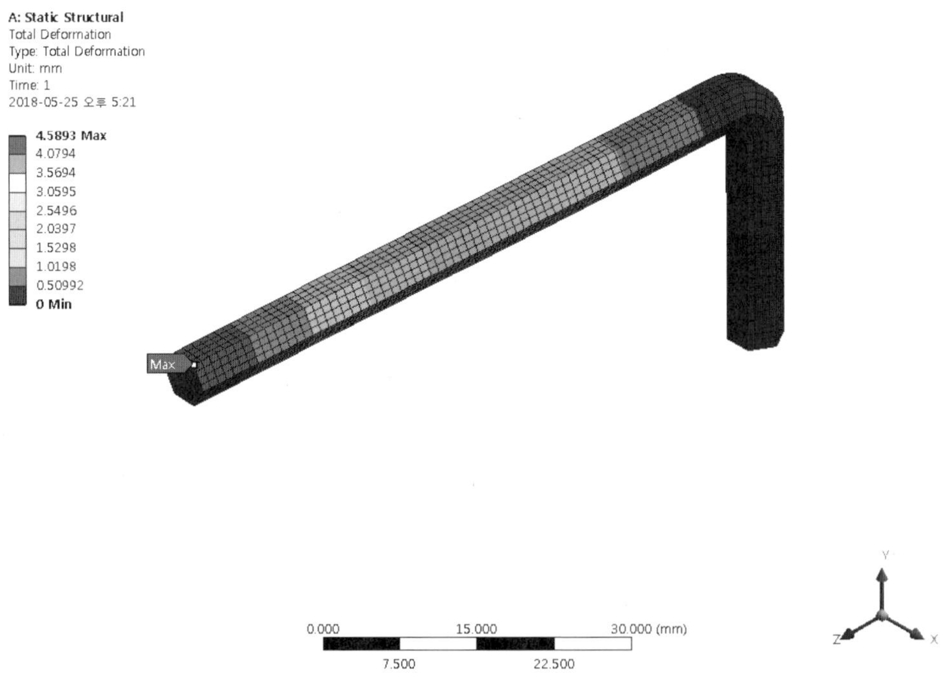

EXAMPLE 7.4

회전고리형 C 브라켓은 다음 그림 7.4와 같이 건물 천장에 부착되어 스피커를 고정하는 장치로 각 연결 구멍에 30 lbf 하중이 걸린다. 이때, 브라켓의 재질이 탄성계수 29 × 10^6 psi, 푸아송 비 0.29, 항복강도가 36,000 psi로 가정하고 브라켓에서 발생하는 최대 등가응력과 변형량을 확인한다.

Example 7.4

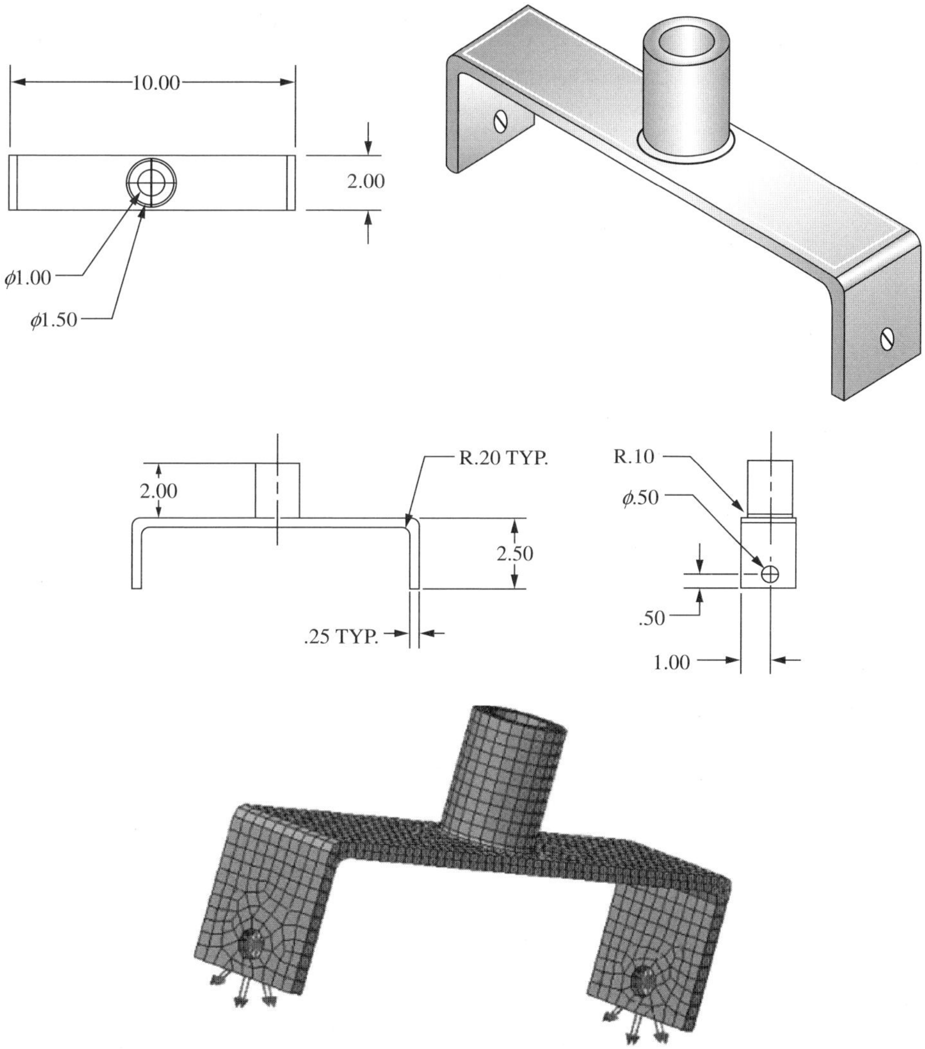

그림 7.4

1단계 ▶ 재료 물성치 정의

Outline of Schematic A2: Engineering Data

	A	B	C	D	E
1	Contents of Engineering Data			Source	Description
2	Material				
3	Example_7_4				
4	Structural Steel			G	Fatigue Data at zero mean stress comes from 1998 ASME BPV Code, Section 8, Div 2, Table 5-110.1
*	Click here to add a new material				

Properties of Outline Row 3: Example_7_4

	A	B	C	D	E
1	Property	Value	Unit		
2	Material Field Variables	Table			
3	Isotropic Elasticity				
4	Derive from	Young's Mo...			
5	Young's Modulus	2.9E+07	psi		
6	Poisson's Ratio	0.29			
7	Bulk Modulus	2.3016E+07	psi		
8	Shear Modulus	1.124E+07	psi		
9	Tensile Yield Strength	36000	psi		

2단계 ▶ 유한요소 모델의 생성

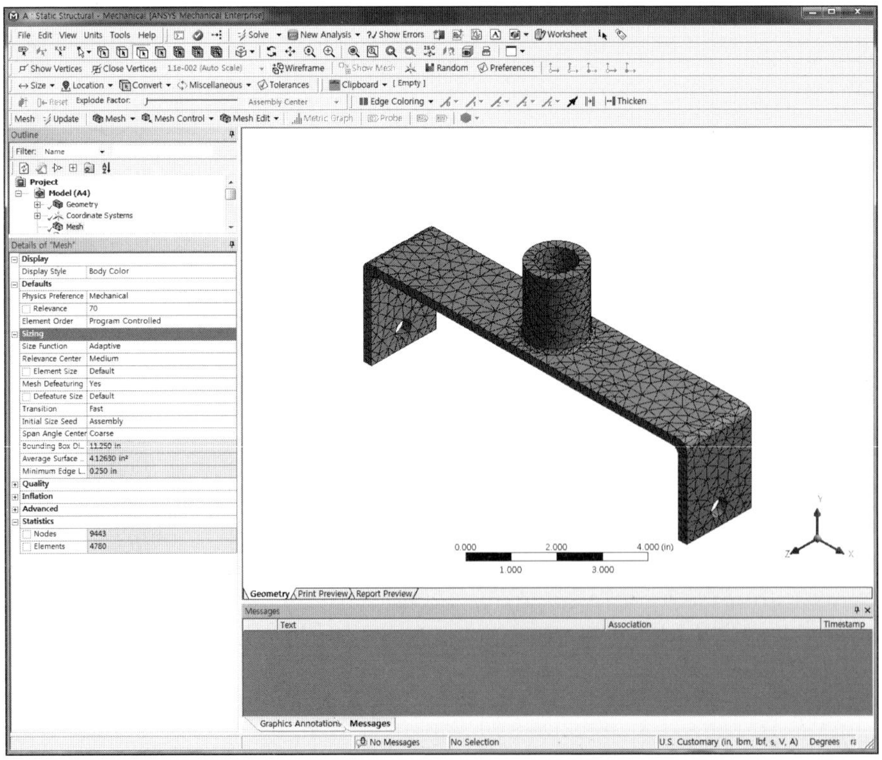

3단계 ▸ 하중과 경계조건의 적용

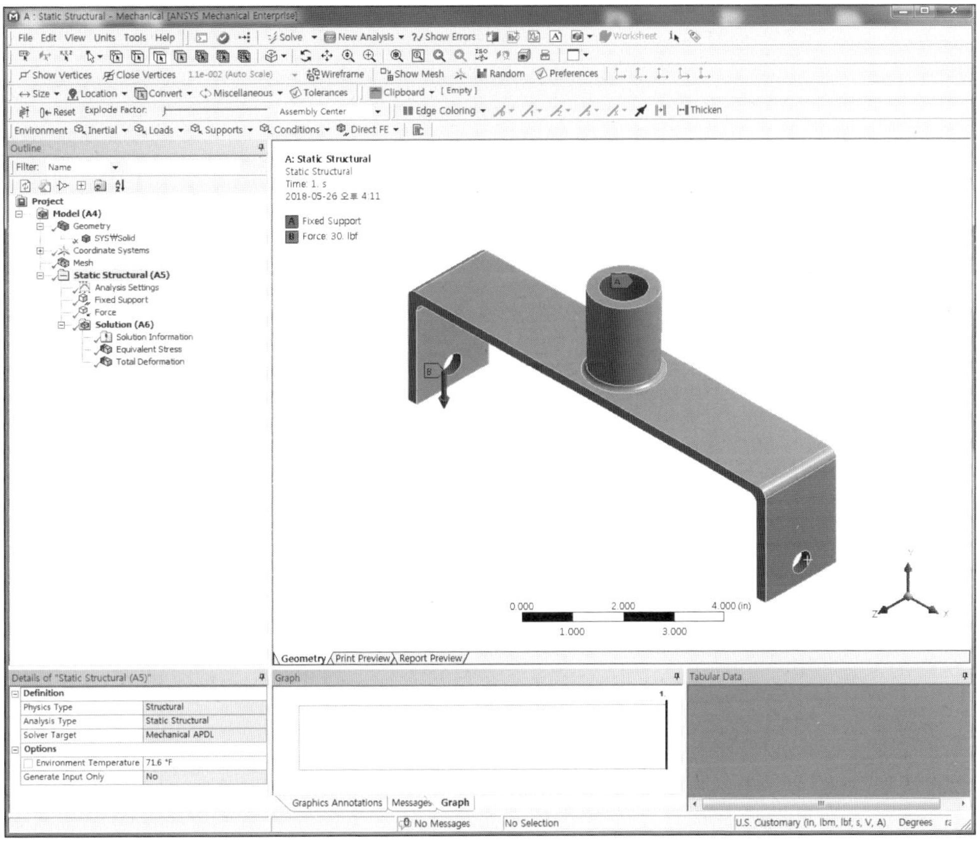

4단계 ▸ ANSYS Workbench 해석결과

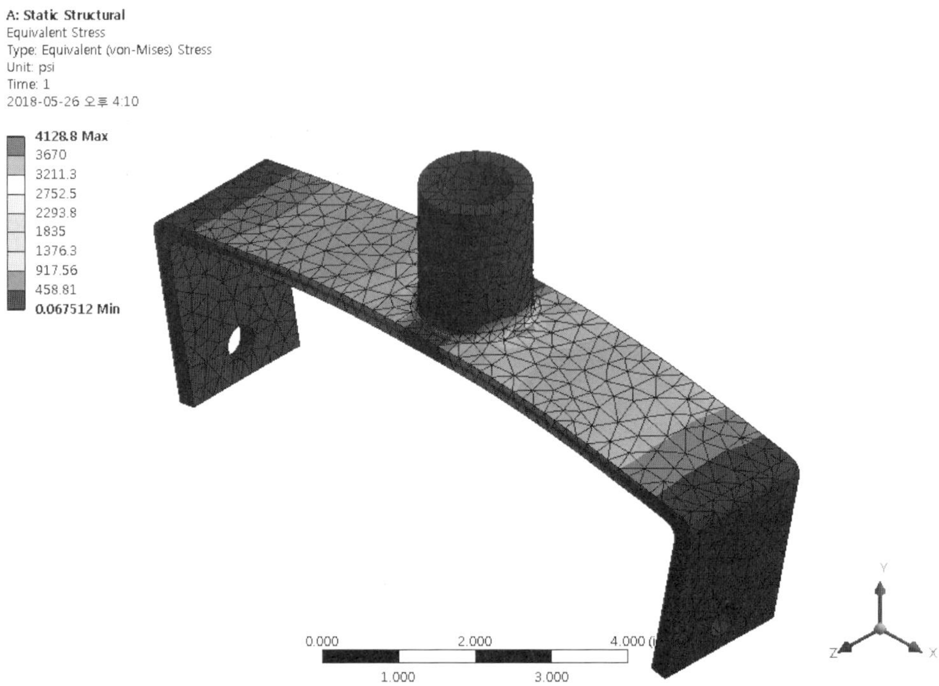

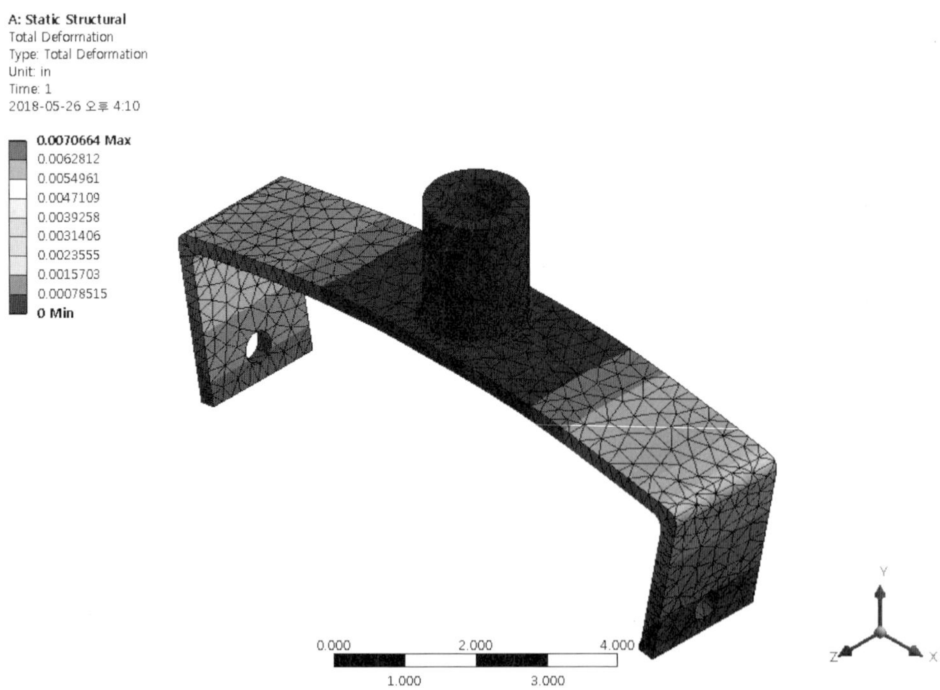

EXAMPLE 7.5

그림 7.5와 같은 Flanged Pipe의 최대 등가응력과 최대 변위를 확인한다. Pipe에는 350 psi의 내압이 걸리며, 양쪽 Flange에는 100 lbf의 압축하중이 작용하고 Top Flange에는 50 lbf의 하중이 걸린다. 파이프는 Bolt에 의해 Translation과 Rotation이 모두 구속되어 있어 내경 Edge에 Fixed 경계조건을 부여한다. 재질은 회주철(gray cast iron)로 Modulus of elasticity는 13 × 10^6 psi이고, 푸아송 비는 0.24이다.

Example 7.5

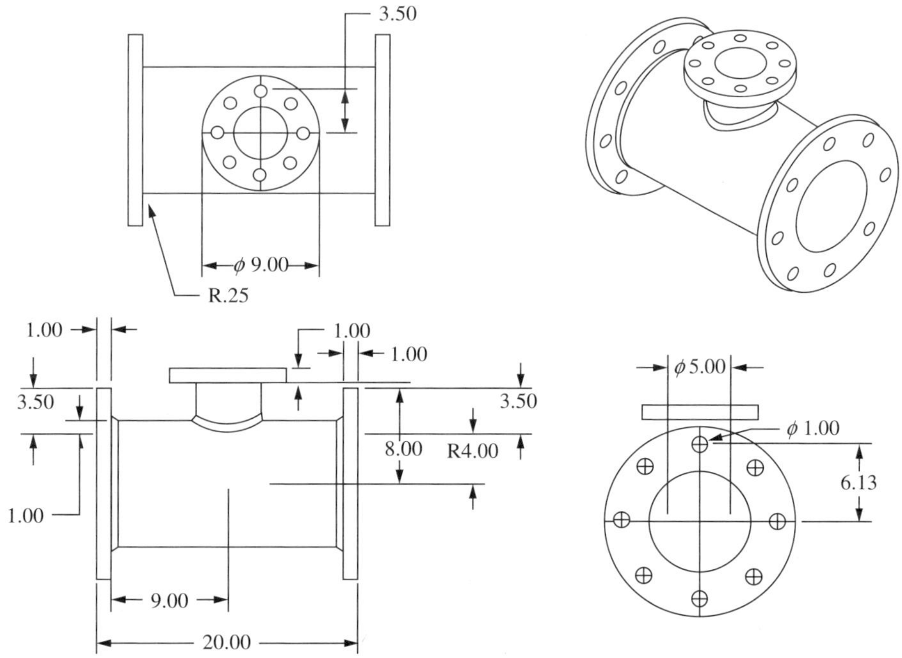

그림 7.5

1단계 ▸ 재료 물성치 정의

Outline of Schematic A2: Engineering Data

	A	B	C	D	E
1	Contents of Engineering Data			Source	Description
2	Material				
3	Structural Steel			General_	Fatigue Data at zero mean stress comes from 1998 ASME BPV Code, Section 8, Div 2, Table 5-110.1
4	Example_11.27			General_	Fatigue Data at zero mean stress comes from 1998 ASME BPV Code, Section 8, Div 2, Table 5-110.1

Properties of Outline Row 4: Example_11.27

	A	B	C	D	E
1	Property	Value	Unit		
2	Material Field Variables	Table			
3	Density	7850	kg m^-3		
4	Isotropic Secant Coefficient of Thermal Expansion				
6	Isotropic Elasticity				
7	Derive from	Young's Modu...			
8	Young's Modulus	1.3E+07	psi		
9	Poisson's Ratio	0.24			
10	Bulk Modulus	5.7456E+10	Pa		
11	Shear Modulus	3.6142E+10	Pa		

2단계 ▸ 유한요소 모델의 생성

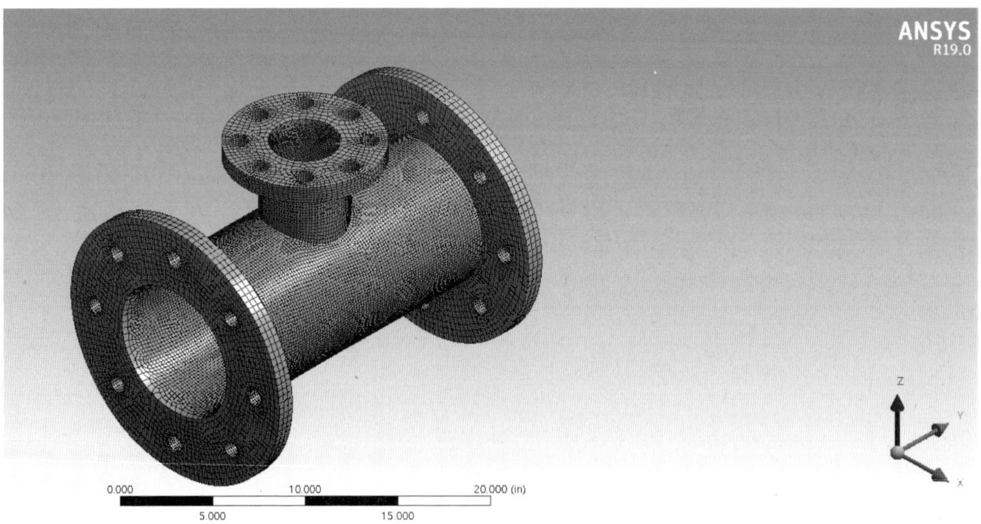

3단계 ▸ 하중과 경계조건의 적용

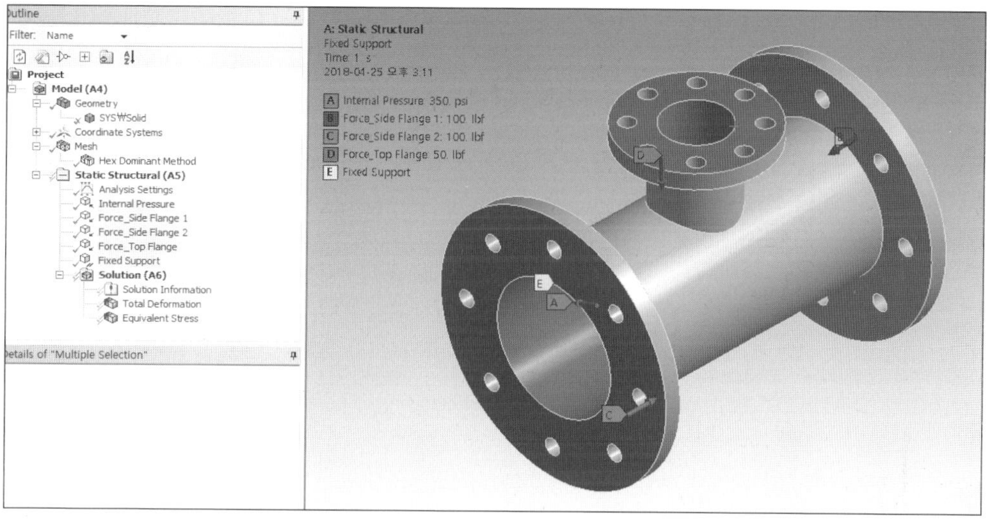

4단계 ▸ ANSYS Workbench 해석결과

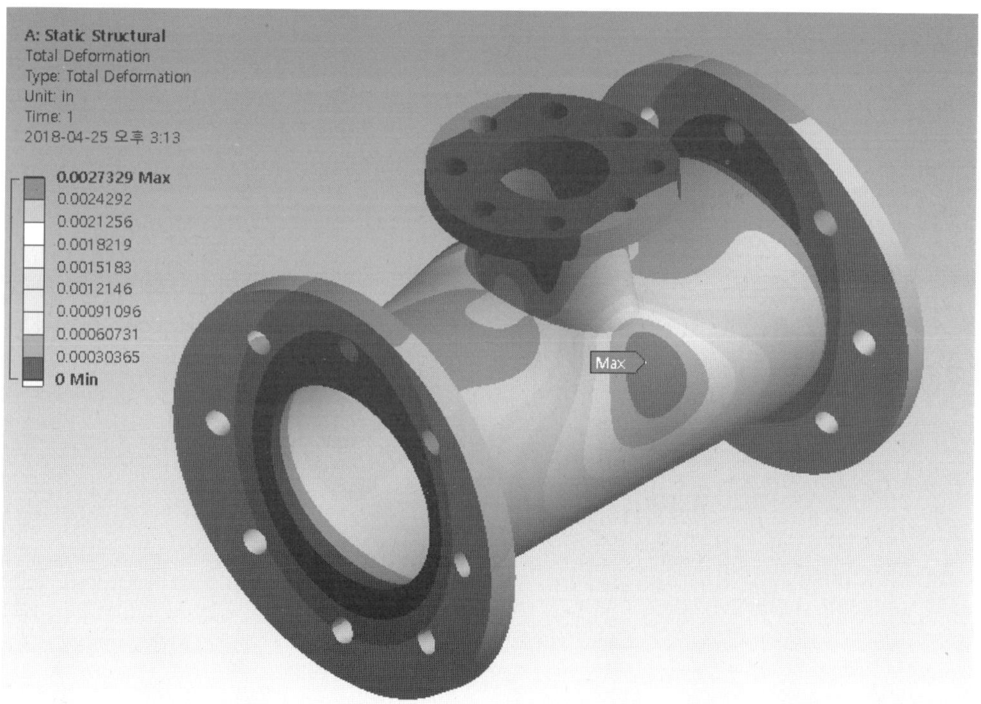

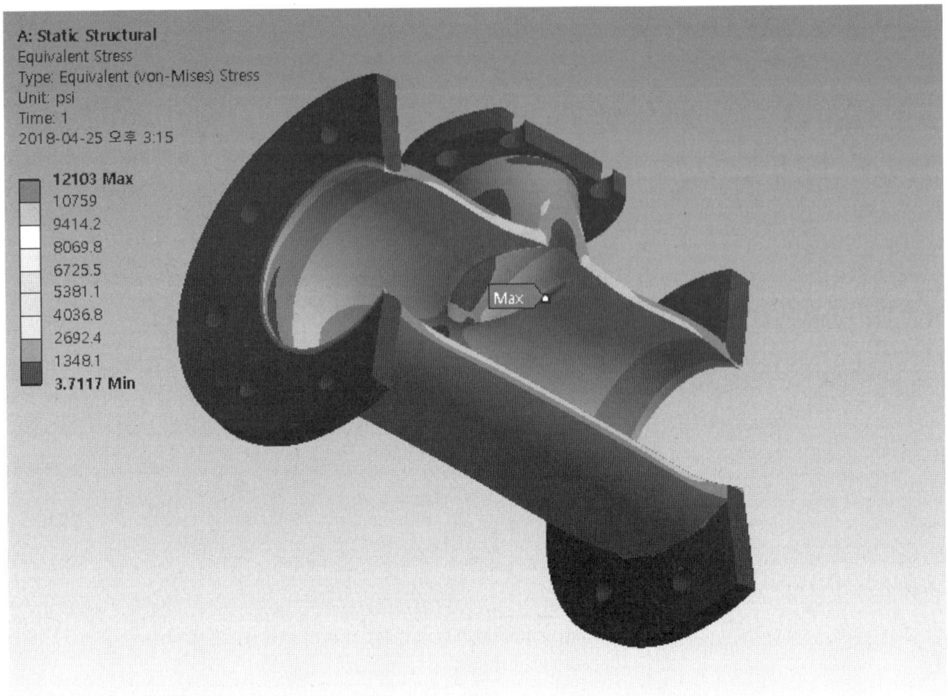
A: Static Structural
Equivalent Stress
Type: Equivalent (von-Mises) Stress
Unit: psi
Time: 1
2018-04-25 오후 3:15
12103 Max
10759
9414.2
8069.8
6725.5
5381.1
4036.8
2692.4
1348.1
3.7117 Min
Max

CHAPTER 08 A First Course In The **FINITE ELEMENT METHOD** Examples

열전달 해석

EXAMPLE 8.1

그림 8.1과 같이 나타낸 2차원 물체의 온도 분포를 결정하라. 물체 왼쪽에서의 온도는 100°F를 유지한다. 물체의 위쪽과 바닥 면은 절연되어 있다. 오른쪽 면에서 대류 열전달계수 $h = 20$ Btu/(h-ft^2-°F) 인 열대류가 일어나고 있다. 자유 유동 온도는 $T = 50$°F이며, 열전도율은 25 Btu/(h-ft^2-°F)이다. 물체의 치수는 그림에 주어져 있다. 두께는 2 ft로 가정한다.

Example 8.1

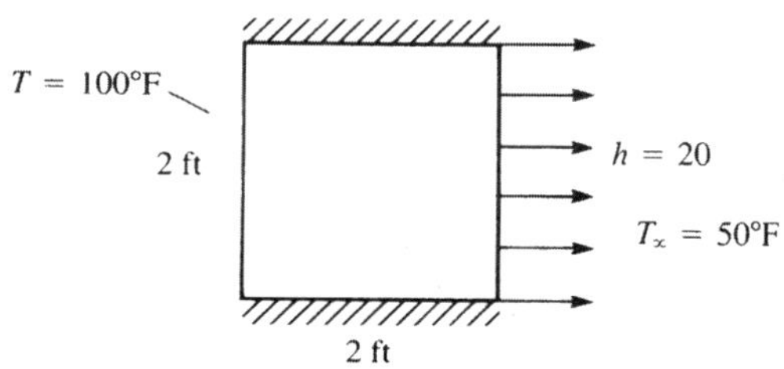

그림 8.1

EXAMPLE의 QR코드를 스캔하여 간편하게 예제별 동영상을 확인할 수 있습니다.
태성에스엔이 홈페이지(www.tsne.co.kr)에 회원가입 후 로그인하여 편리하게 이용할 수 있습니다.

1단계 ▶ 재료 물성치 정의

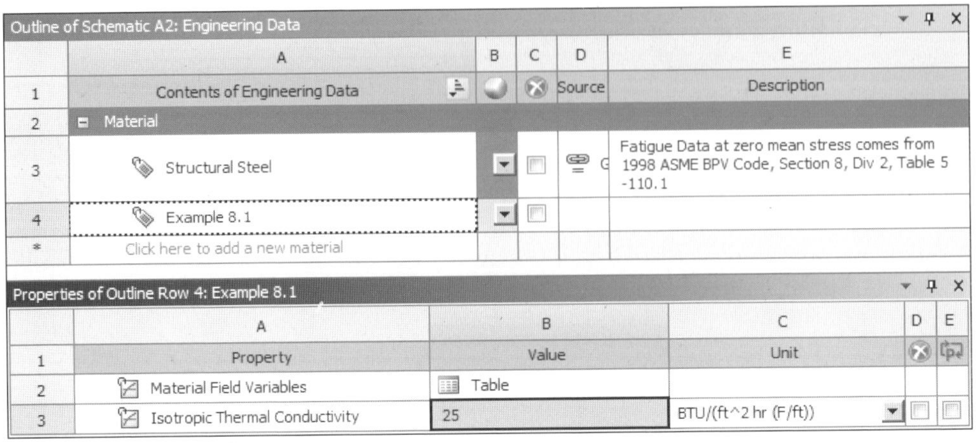

2단계 ▶ 유한요소 모델의 생성

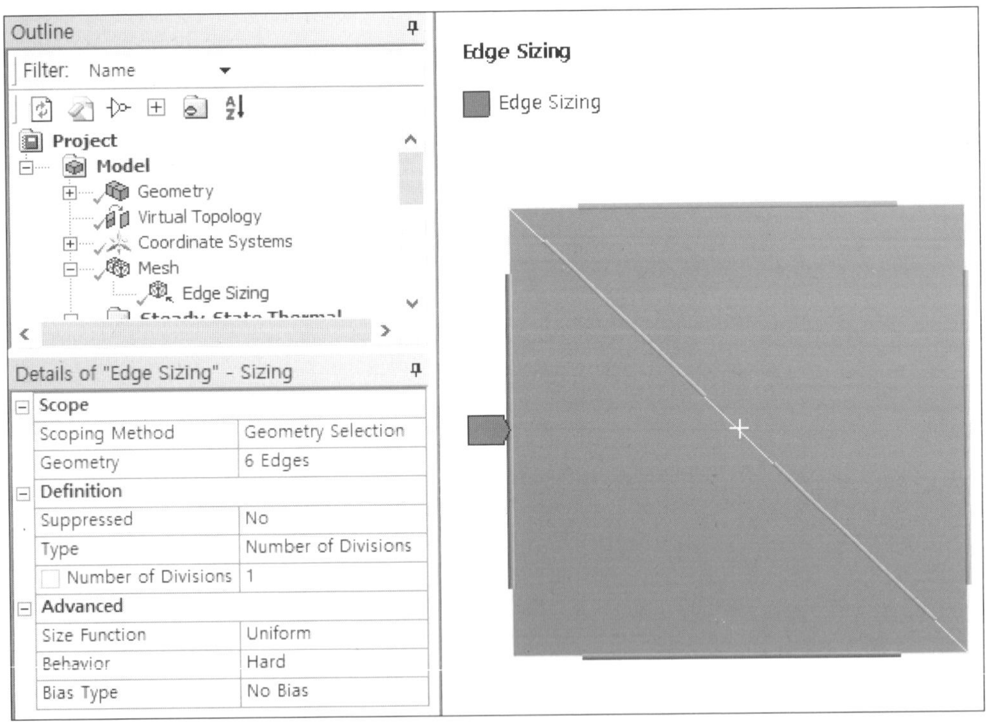

3단계 ▶ 하중과 경계조건의 적용

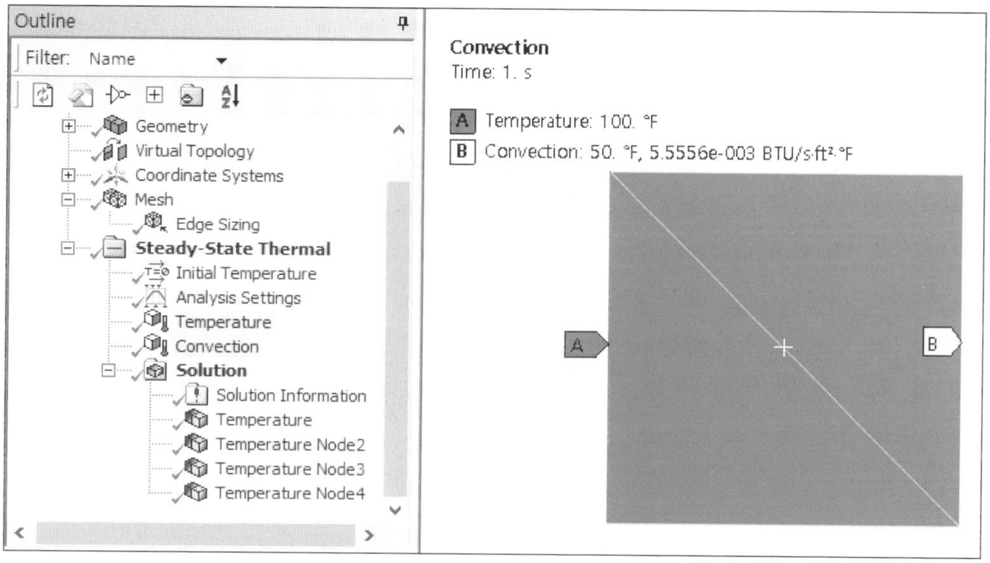

4단계 ▶ ANSYS Workbench 해석결과

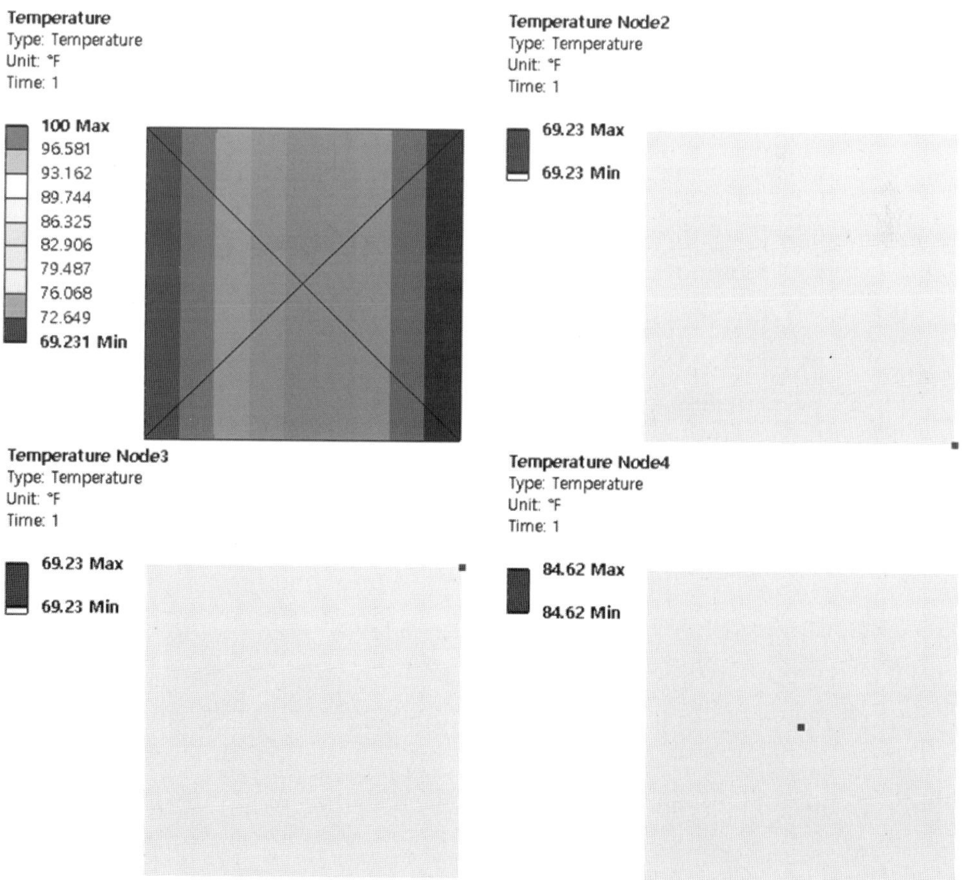

EXAMPLE | 8.2

그림 8.2와 같이 정사각형의 2차원 평면이 있다. 이 평판의 온도 분포를 ANSYS를 이용해 해석해본다. 평판의 열전도계수 k = 25 Btu/(h-ft-°F)이며, 상부면은 250°C로, 나머지 면은 모두 40°C로 유지된다.

Example 8.2

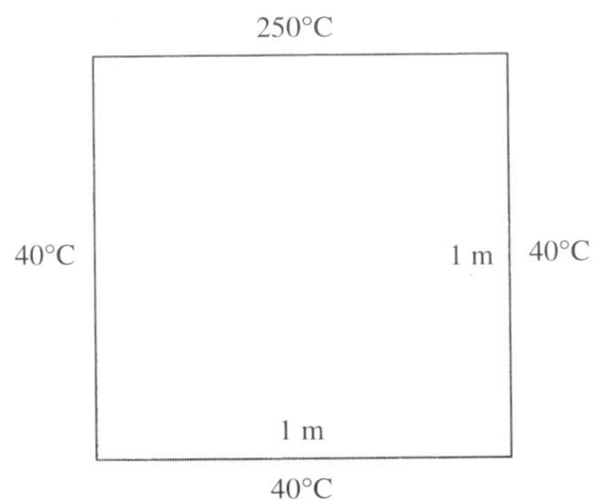

그림 8.2

1단계 ▶ 재료 물성치 정의

Outline of Schematic A2: Engineering Data

	A	B	C	D	E
1	Contents of Engineering Data			Source	Description
2	Material				
3	Example 8.2			General_Ma	Fatigue Data at zero mean stress comes from 1998 ASME BPV Code, Section 8, Div 2, Table 5-110.1
4	Structural Steel			General_Ma	Fatigue Data at zero mean stress comes from 1998 ASME BPV Code, Section 8, Div 2, Table 5-110.1

Properties of Outline Row 3: Example 8.2

	A	B	C	D	E
1	Property	Value	Unit		
2	Material Field Variables	Table			
3	Isotropic Thermal Conductivity	25	BTU/(ft^2 hr (F/ft))		

2단계 ▶ 유한요소 모델의 생성

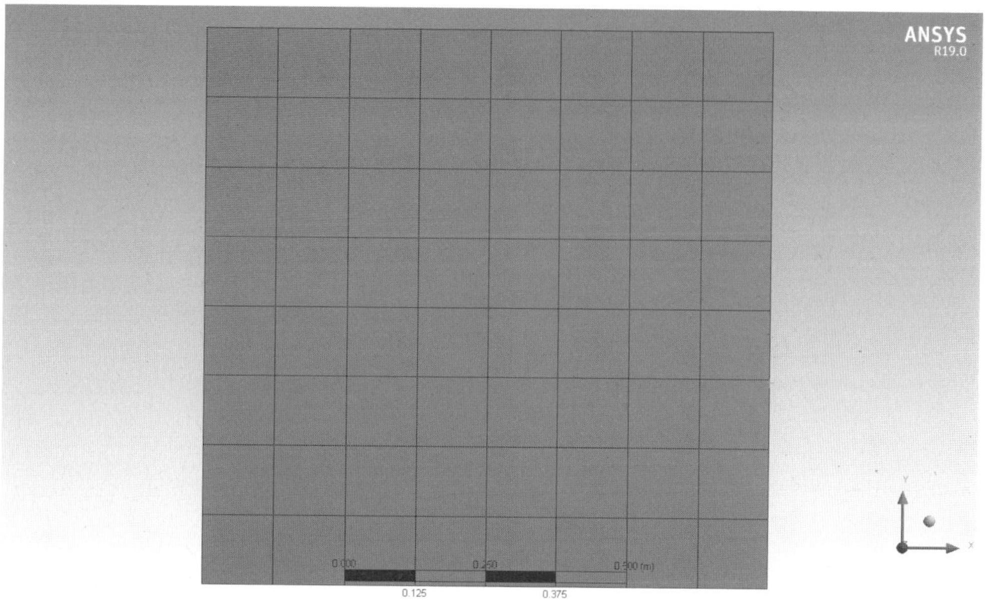

3단계 ▶ 하중과 경계조건의 적용

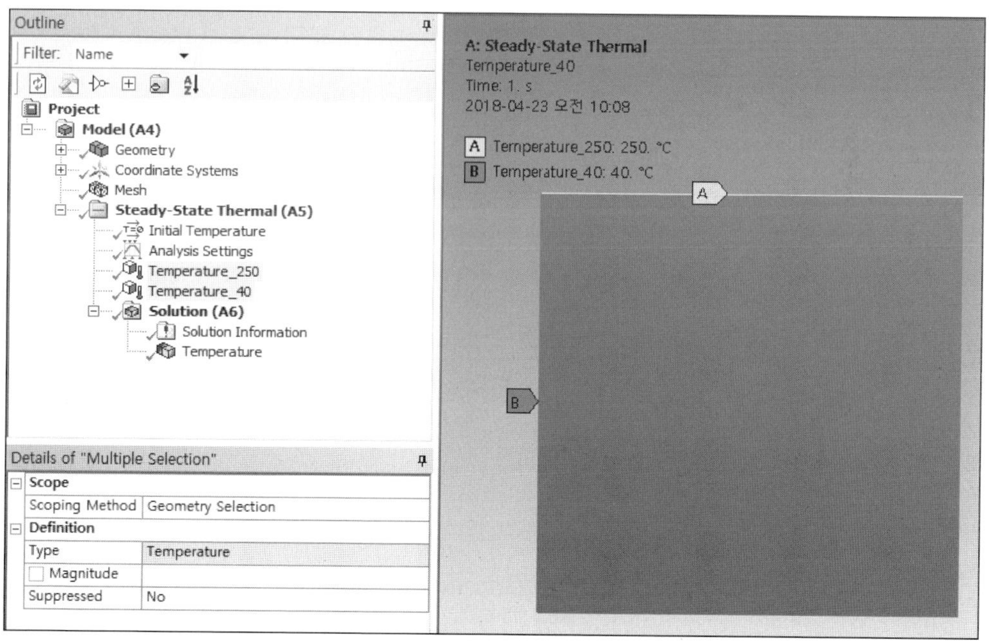

4단계 ▶ ANSYS Workbench 해석결과

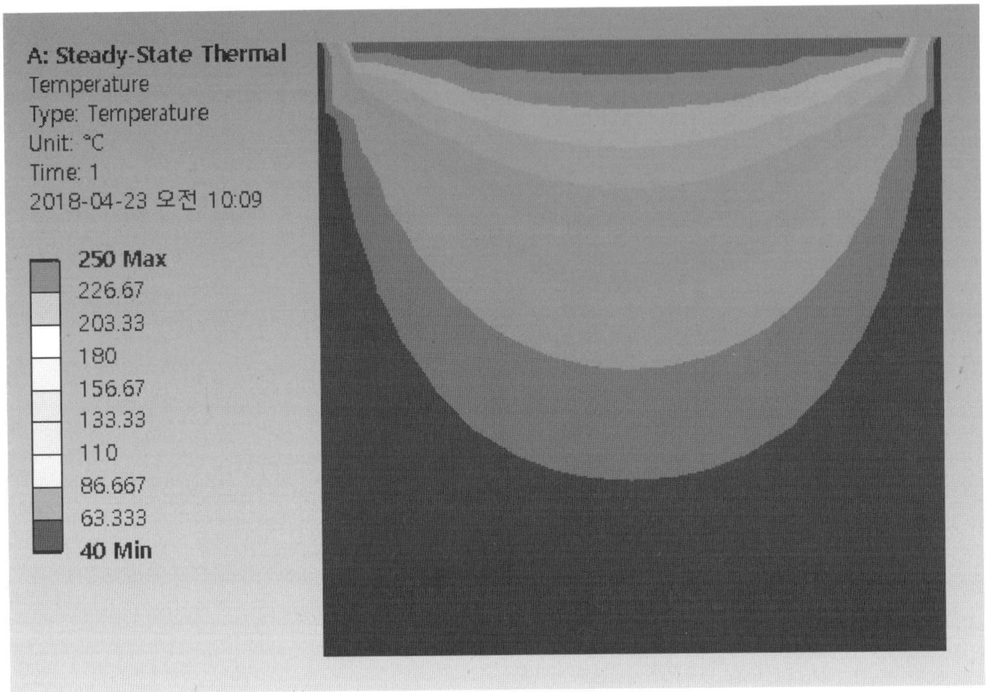

EXAMPLE 8.3

그림 8.3과 같이 380°C의 뜨거운 가스를 수송하는 덕트가 열전달계수 k = 0.035 W/m-°C인 원형 유리 섬유 층으로 둘러싸여 있다. 외부 대류 열전달계수는 h = 25 W/m^2-°C의 값을 가지고 주위 온도 45°C로 대류 열전달이 일어나고 있다. 이때 유리 섬유 층의 온도분포를 ANSYS를 이용하여 계산해보자.

Example 8.3

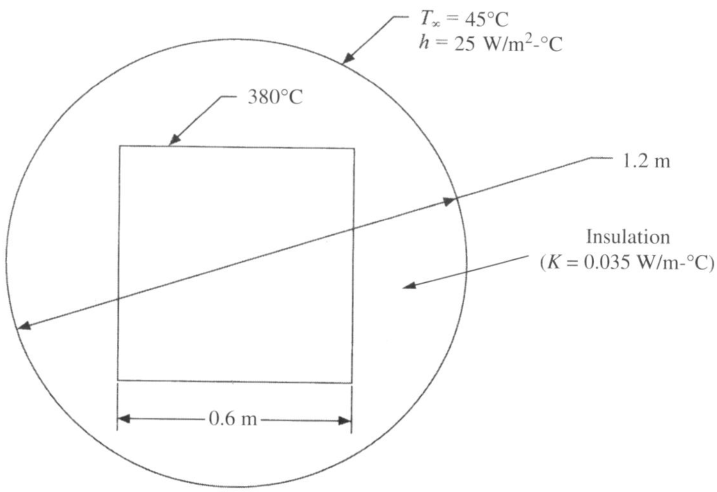

(a)

그림 8.3

1단계 ▶ 재료 물성치 정의

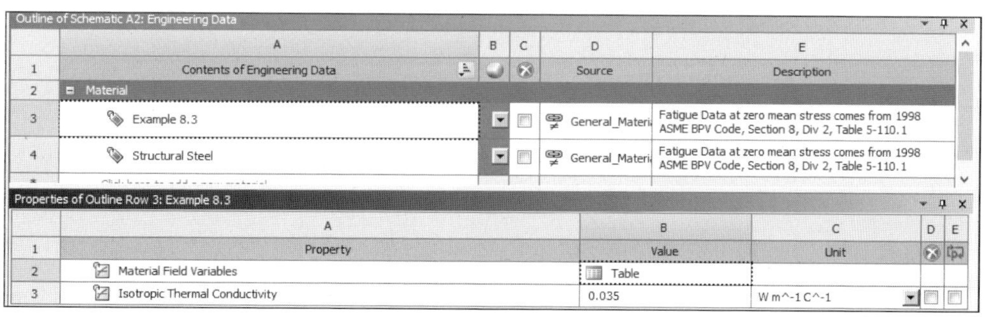

2단계 ▶ 유한요소 모델의 생성

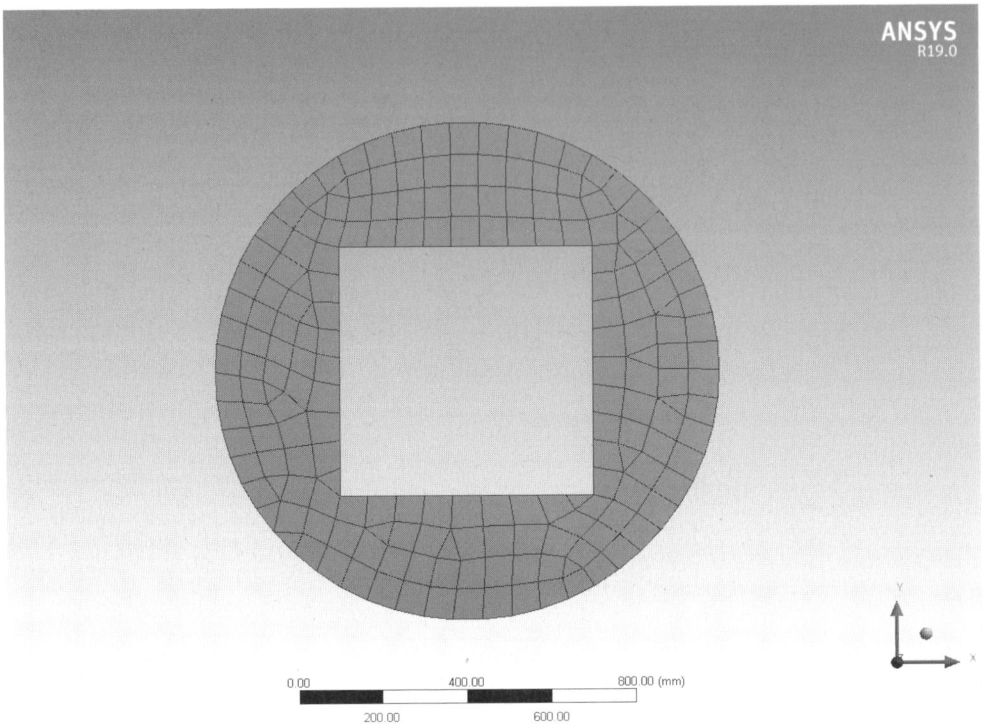

3단계 ▶ 하중과 경계조건의 적용

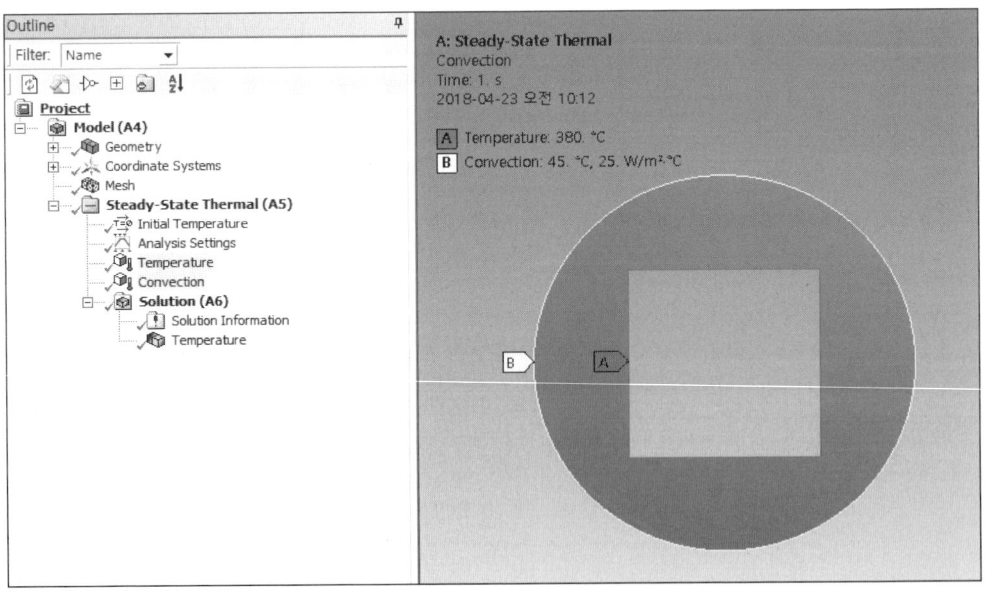

4단계 ▶ ANSYS Workbench 해석결과

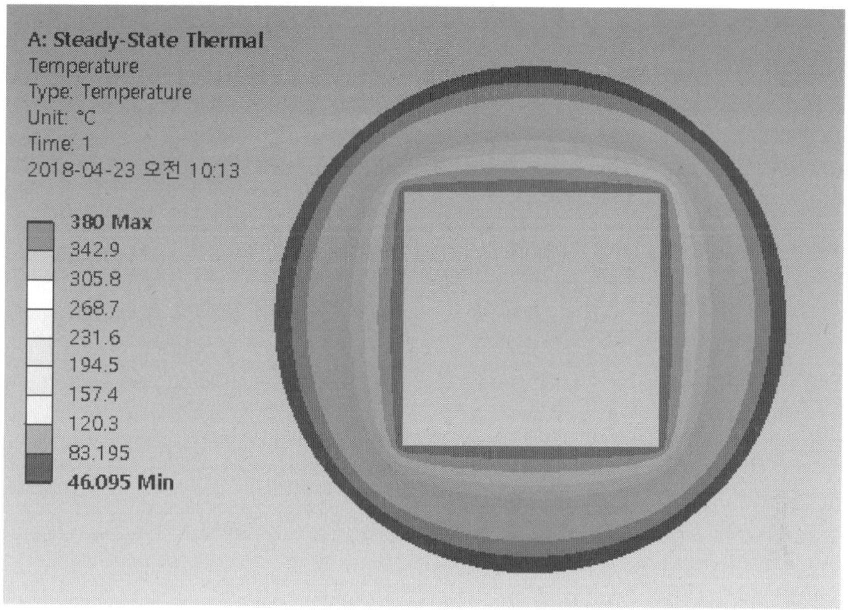

EXAMPLE 8.4

그림 8.4와 같이 200°C의 표면 온도를 열전달계수 k = 170 W/m-K인 삼각형 형태의 알루미늄 핀(fin)을 통해 열을 제거하는 구조가 있다. 주변 공기의 온도는 10°C이며, 대류 열전달계수 h = 25 W/m^2-K이다. 이때 핀의 열 분포를 계산하라.

Example 8.4

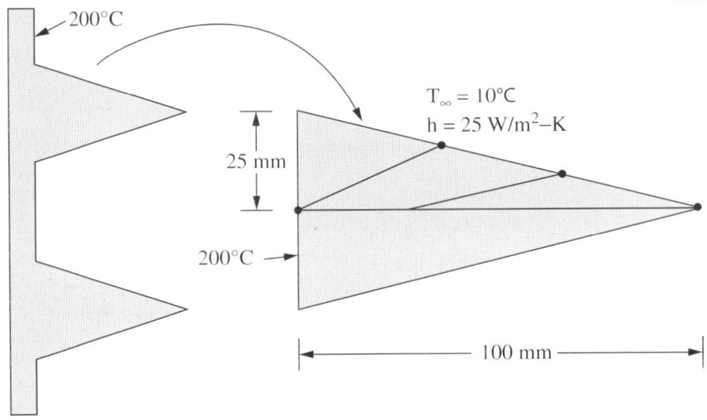

그림 8.4

1단계 ▶ 재료 물성치 정의

Outline of Schematic A2: Engineering Data

	A	B	C	D	E
1	Contents of Engineering Data			Source	Description
2	Material				
3	Example 8.4			General_Mater	Fatigue Data at zero mean stress comes from 1998 ASME BPV Code, Section 8, Div 2, Table 5-110.1
4	Structural Steel			General_Mater	Fatigue Data at zero mean stress comes from 1998 ASME BPV Code, Section 8, Div 2, Table 5-110.1
*	Click here to add a new material				

Properties of Outline Row 3: Example 8.4

	A	B	C	D	E
1	Property	Value	Unit		
2	Material Field Variables	Table			
3	Isotropic Thermal Conductivity	170	W m^-1 K^-1		

2단계 ▶ 유한요소 모델의 생성

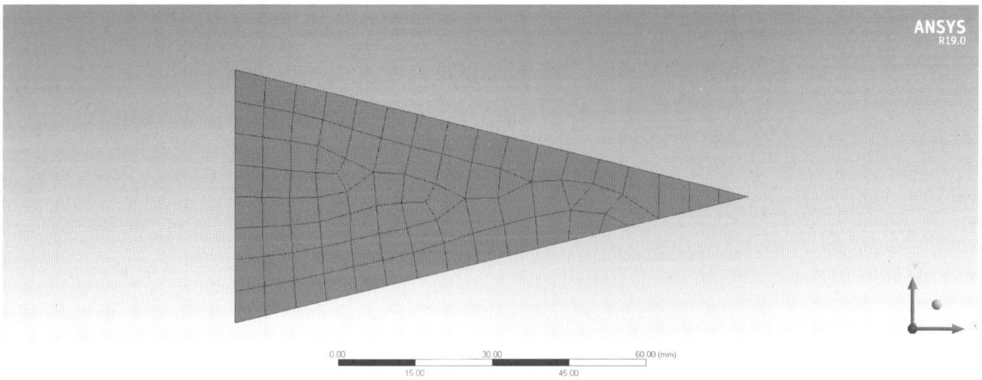

3단계 ▶ 하중과 경계조건의 적용

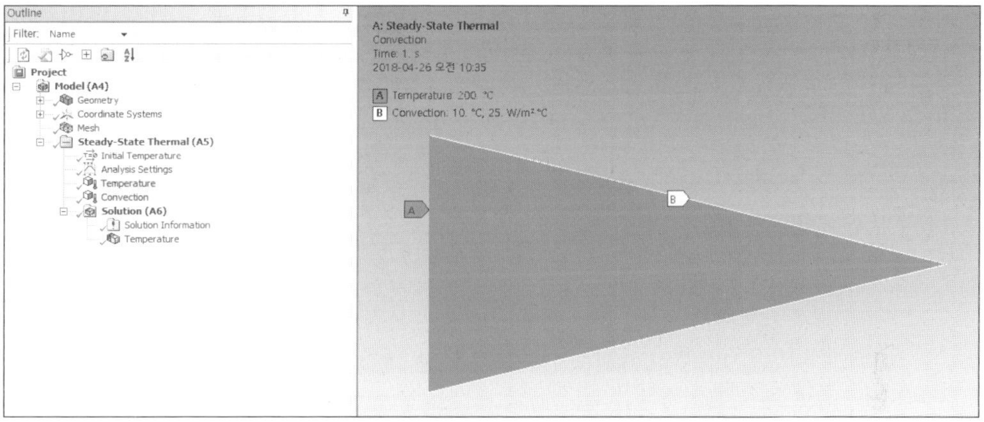

4단계 ▶ ANSYS Workbench 해석결과

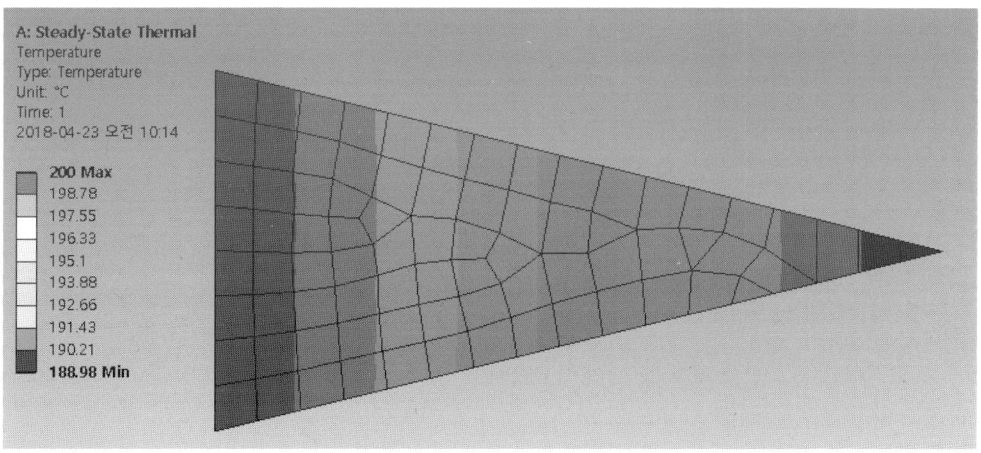

*교재 정답: $t = 189°C$ (at right end)

** 해석 결과: $t = 188.98°C$ (at right end)

EXAMPLE 8.5

그림 8.5와 같이 엘런 렌치에 별도에 하중이 가해지고 있지는 않지만 하부 끝 단의 온도가 300 K이고 상부 단면에 10000 W/m^{2}의 heat flux가 가해지고 있다. 재료의 열전달계수가 43.6 W/m-K이며, 주변이 단열되어 있을 때 열 분포를 계산하라.

Example 8.5

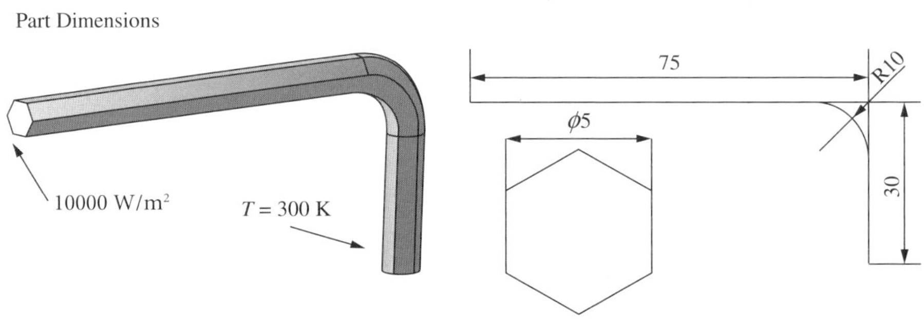

그림 8.5

1단계 ▶ 재료 물성치 정의

Outline of Schematic A2: Engineering Data

	A	B	C	D	E
1	Contents of Engineering Data			Source	Description
2	Material				
3	Example 8.5		☐	General_Materi	Fatigue Data at zero mean stress comes from 1998 ASME BPV Code, Section 8, Div 2, Table 5-110.1
4	Structural Steel		☐	General_Materi	Fatigue Data at zero mean stress comes from 1998 ASME BPV Code, Section 8, Div 2, Table 5-110.1
*	Click here to add a new material				

Properties of Outline Row 3: Example 8.5

	A	B	C	D	E
1	Property	Value	Unit		
2	Material Field Variables	Table			
3	Isotropic Thermal Conductivity	43.6	W m^-1 K^-1	☐	☐

2단계 ▶ 유한요소 모델의 생성

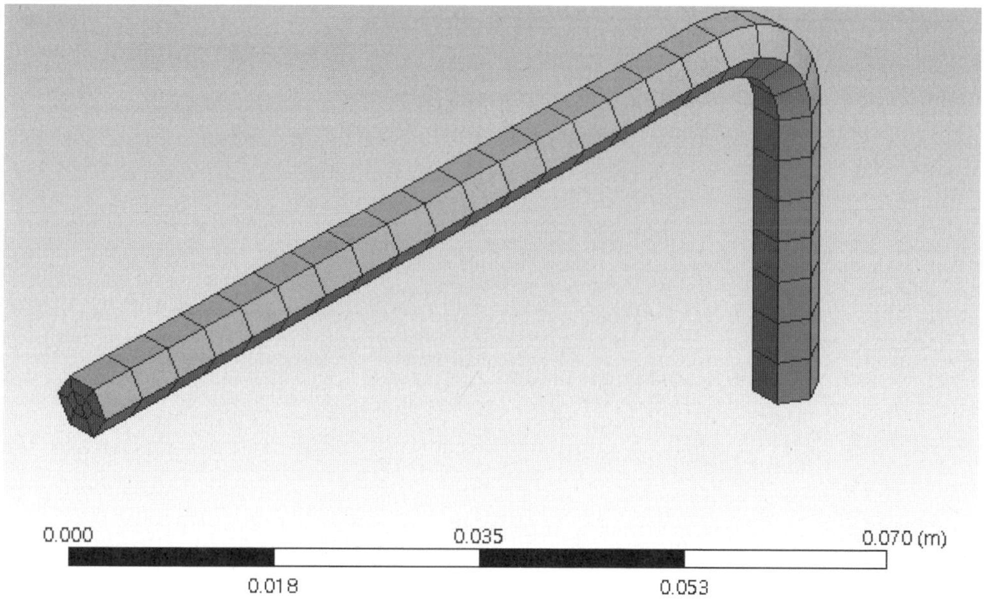

3단계 ▶ 하중과 경계조건의 적용

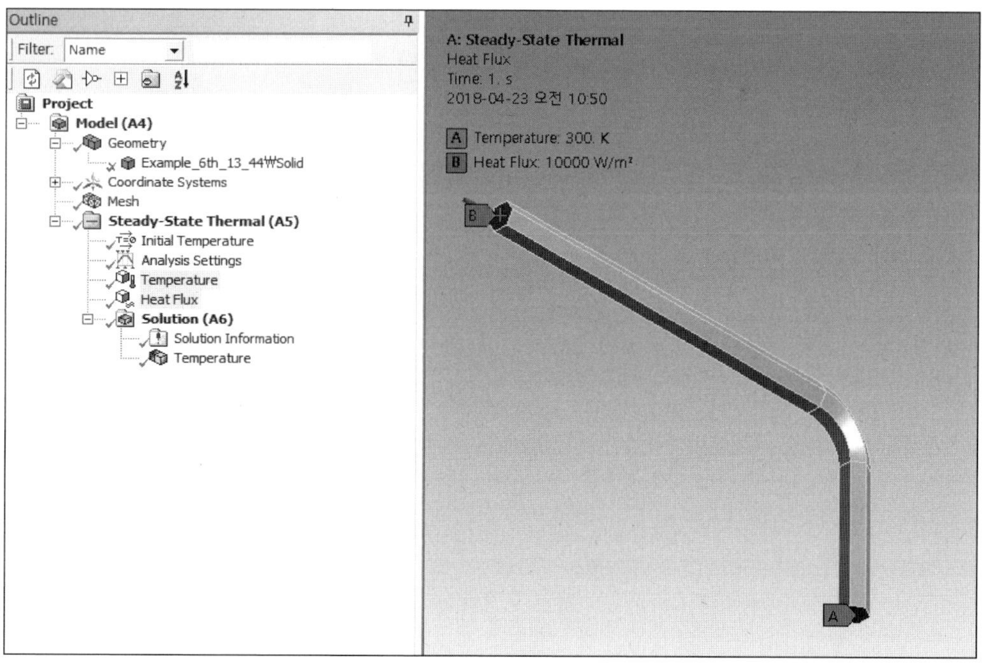

4단계 ▶ ANSYS Workbench 해석결과

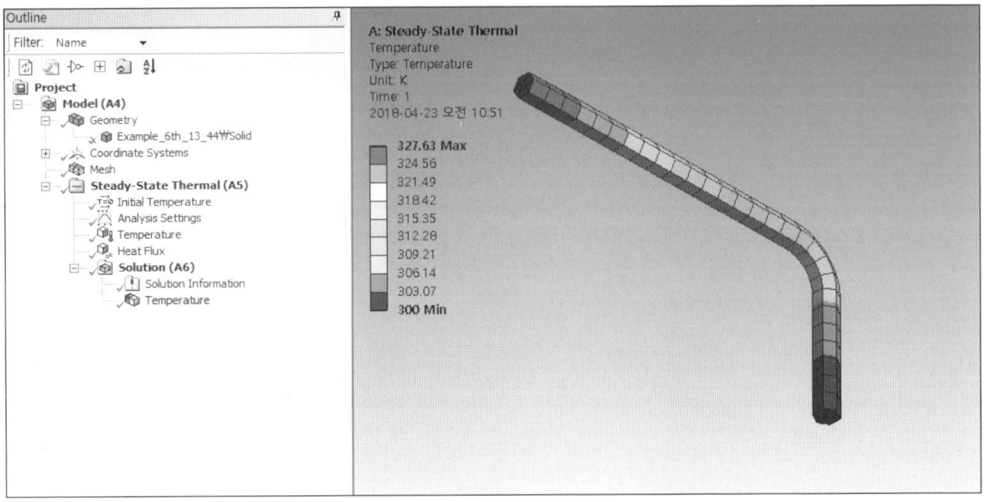

교재 정답: T = 323 K (located where q is applied)

** 해석 결과: 327.63 K (located where q* is applied)

유동 정전기 해석

EXAMPLE 9.1

그림 9.1과 같은 간단한 유동 문제를 고려해보자. 상하 면은 불투과성 면이고 오른쪽 면의 수두는 3 cm, 왼쪽 면의 수두는 4 cm이다. 이 문제에서 수도를 온도 경계 조건으로 상사시켜 적용함으로써 해석할 수 있다.

Example 9.1

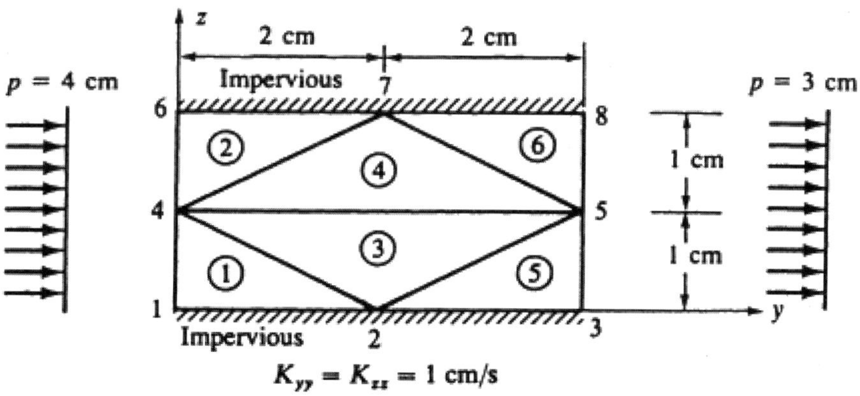

그림 9.1

EXAMPLE의 QR코드를 스캔하여 간편하게 예제별 동영상을 확인할 수 있습니다.
태성에스엔이 홈페이지(www.tsne.co.kr)에 회원가입 후 로그인하여 편리하게 이용할 수 있습니다.

1단계 ▶ 재료 물성치 정의

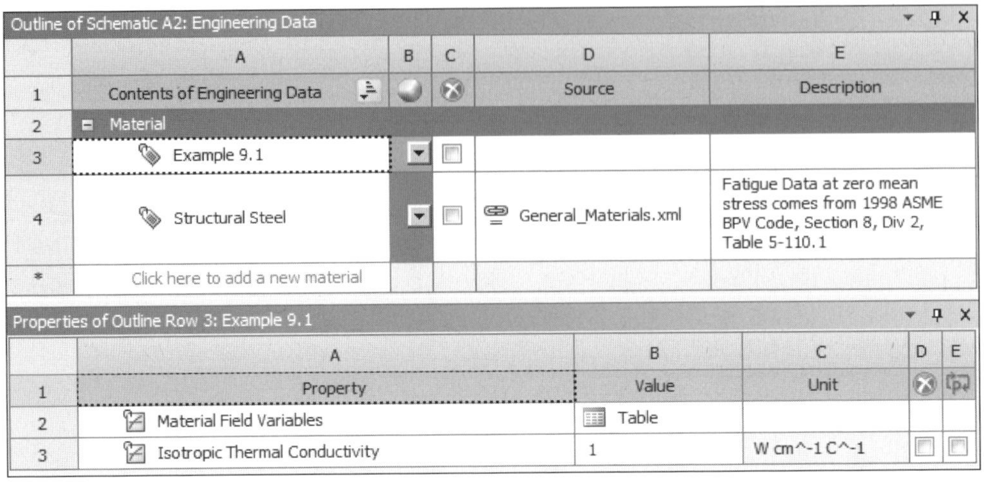

Outline of Schematic A2: Engineering Data

	A	B	C	D	E
1	Contents of Engineering Data			Source	Description
2	Material				
3	Example 9.1				
4	Structural Steel			General_Materials.xml	Fatigue Data at zero mean stress comes from 1998 ASME BPV Code, Section 8, Div 2, Table 5-110.1
*	Click here to add a new material				

Properties of Outline Row 3: Example 9.1

	A	B	C	D	E
1	Property	Value	Unit		
2	Material Field Variables	Table			
3	Isotropic Thermal Conductivity	1	W cm^-1 C^-1		

2단계 ▶ 유한요소 모델의 생성

3단계 ▶ 하중과 경계조건의 적용

4단계 ▶ ANSYS Workbench 해석결과

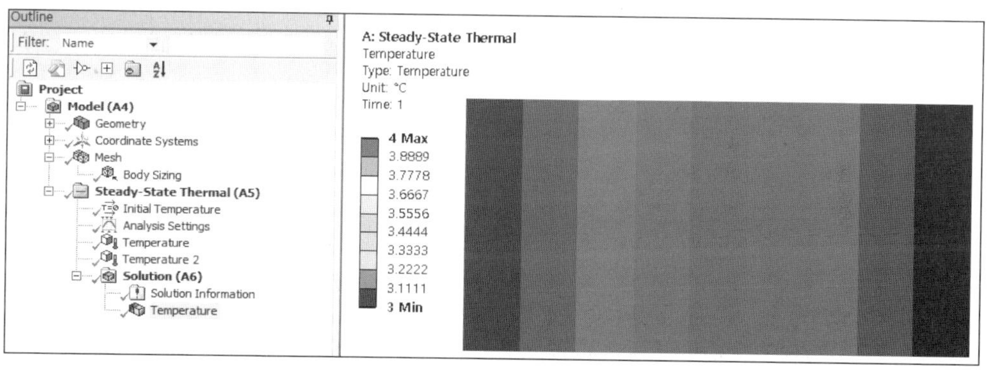

EXAMPLE 9.2

그림 9.2와 같은 투과성 매질을 간단한 1차원 유동에서 1/3, 2/3 지점에서의 포텐셜을 구하고, 체적 유량을 계산해보자. 매질의 세 부분은 각각 다른 투과성을 가지고 있다. 면적 $A = 0.2\ \text{m}^2$라 하자.

Example 9.2

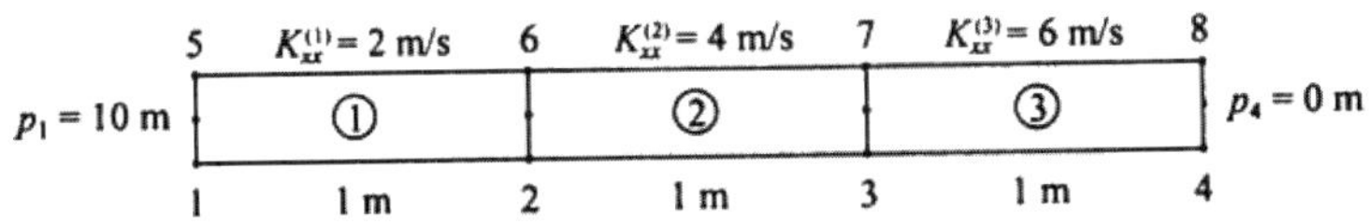

그림 9.2

1단계 ▶ 재료 물성치 정의

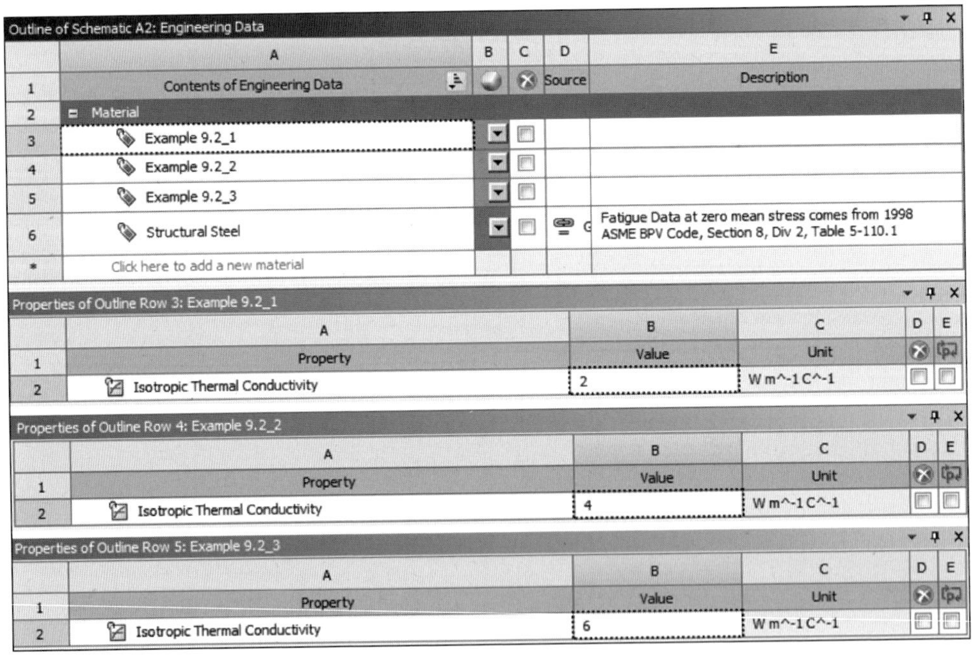

Outline of Schematic A2: Engineering Data

	A	B	C	D	E
1	Contents of Engineering Data			Source	Description
2	⊟ Material				
3	Example 9.2_1				
4	Example 9.2_2				
5	Example 9.2_3				
6	Structural Steel			G	Fatigue Data at zero mean stress comes from 1998 ASME BPV Code, Section 8, Div 2, Table 5-110.1
*	Click here to add a new material				

Properties of Outline Row 3: Example 9.2_1

	A	B	C	D	E
1	Property	Value	Unit		
2	Isotropic Thermal Conductivity	2	W m^-1 C^-1		

Properties of Outline Row 4: Example 9.2_2

	A	B	C	D	E
1	Property	Value	Unit		
2	Isotropic Thermal Conductivity	4	W m^-1 C^-1		

Properties of Outline Row 5: Example 9.2_3

	A	B	C	D	E
1	Property	Value	Unit		
2	Isotropic Thermal Conductivity	6	W m^-1 C^-1		

2단계 ▶ 유한요소 모델의 생성

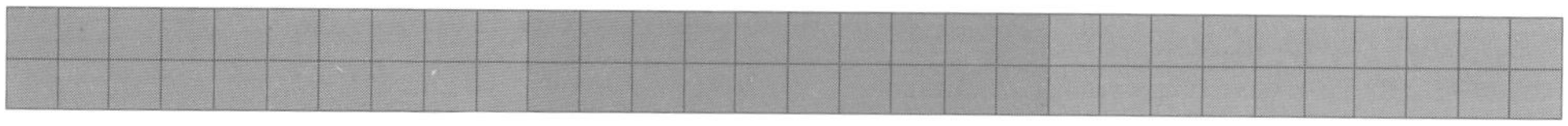

3단계 ▶ 하중과 경계조건의 적용

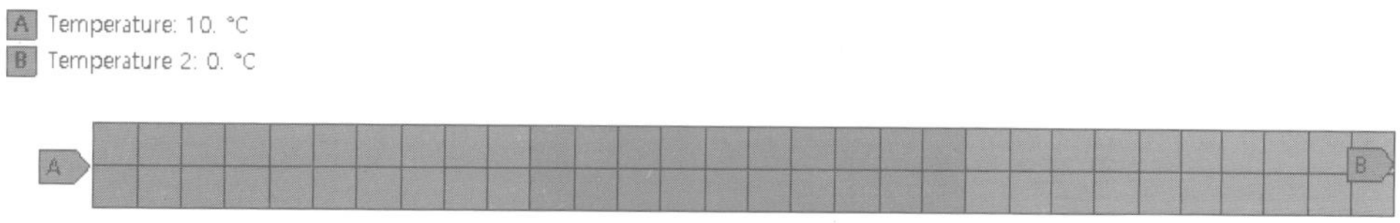

4단계 ▶ ANSYS Workbench 해석결과

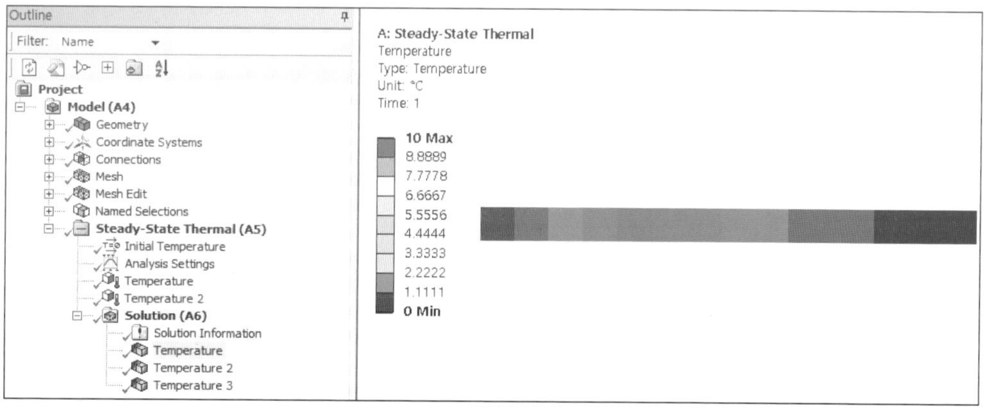

5단계 ▶ 1/3, 2/3 지점 위치에서의 결괏값 출력

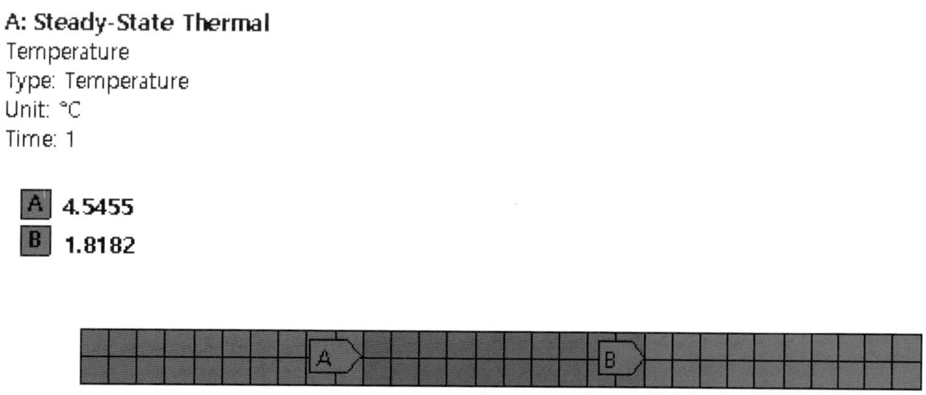

EXAMPLE 9.3

버스바(busbar)는 110 V 배전함에서 전력을 분배하는 데 사용되는 직사각형의 전도체이다. 버스바의 측면에는 110 V의 전압이 걸려있다. 그림 9-3의 시스템에서 하단은 0 V로 접지되어 있다. 버스바 주위의 물질은 공기(ε = 1)라고 가정하자. 또한, 모델의 좌측면을 따라 형상과 포텐셜이 수직선에 대해 대칭이라고 가정한다. 따라서 모델은 실제로는 전체 시스템의 절반에 해당된다. 이때 전압의 분포와 최대 전기장 강도를 구하라. 2차원 유한요소 모델을 사용하고 두께는 0.1 m라고 하자.

Example 9.3

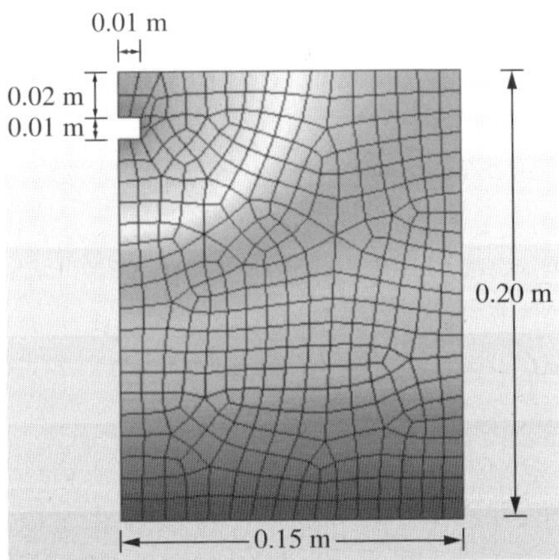

그림 9.3

1단계 ▶ 유한요소 모델의 생성

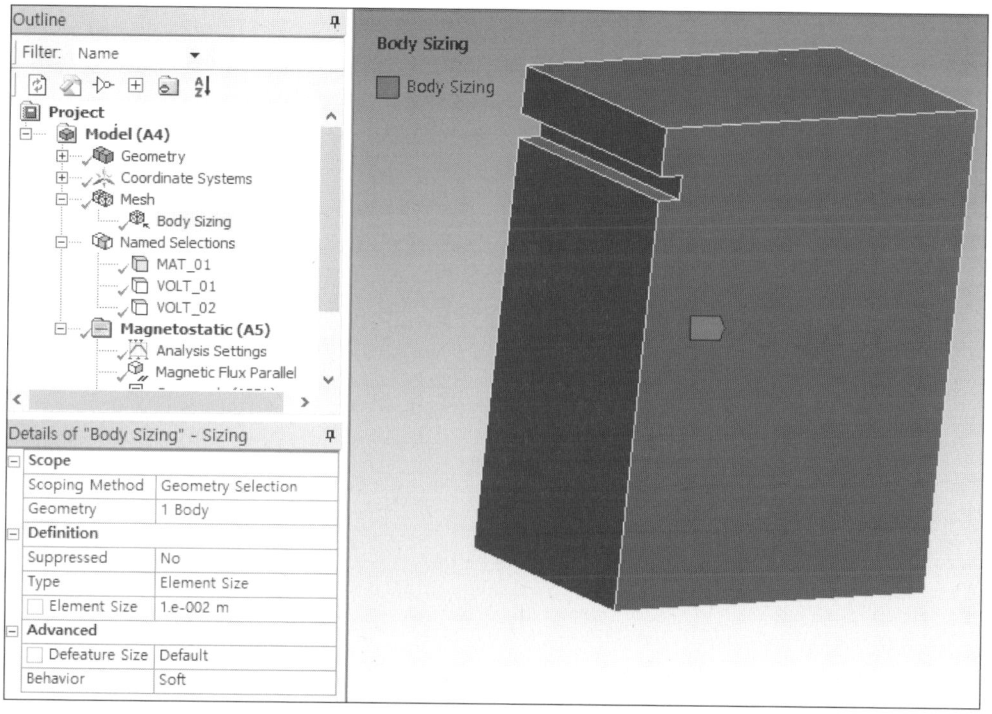

2단계 ▶ Named Selection 설정

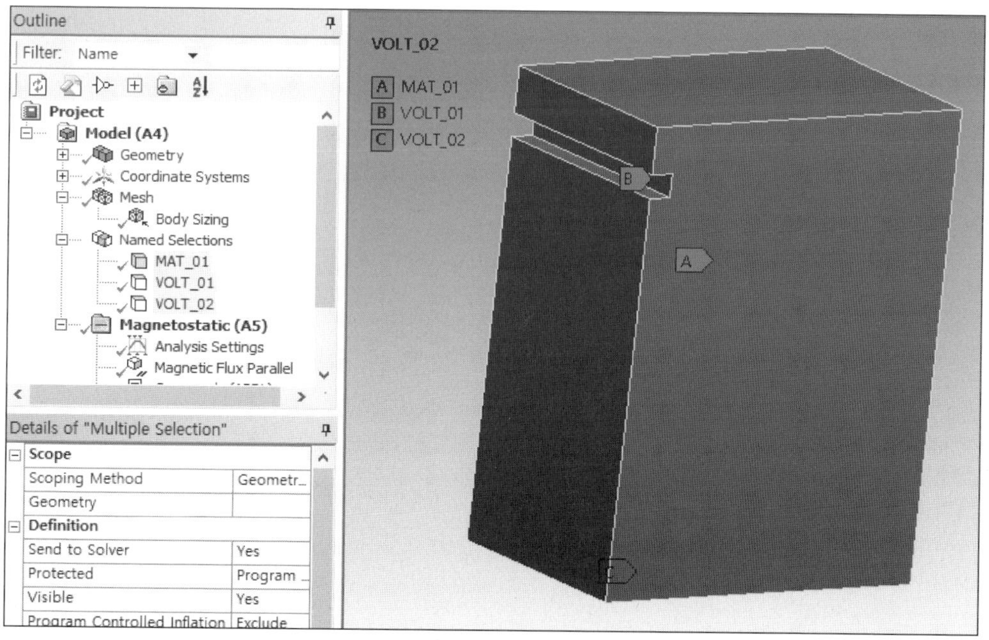

3단계 ▶ 경계조건 및 Command 입력

```
/ASSIGN ,RST   ,FILE   ,RMG
/PREP7

MPDELE  ,ALL   ,1      ,1000   ! --> 저장된 물성 제거

ET      ,1001  ,122            ! air --> 공기 요소 타입 정의

EMUNIT  ,MKS

MP      ,PERX  ,1001   ,1      ! AIR --> 공기 유전율 정의

CMSEL   ,S     ,MAT_01         ! --> 물성 정의
EMODIF  ,ALL   ,TYPE   ,1001
EMODIF  ,ALL   ,MAT    ,1001

CMSEL   ,S     ,VOLT_01        ! --> 전압 인가
D       ,ALL   ,VOLT   ,110

CMSEL   ,S     ,VOLT_02        ! --> 그라운드 설정
D       ,ALL   ,VOLT   ,0

ALLSEL
/SOLU
```

4단계 ▶ ANSYS Workbench 해석결과

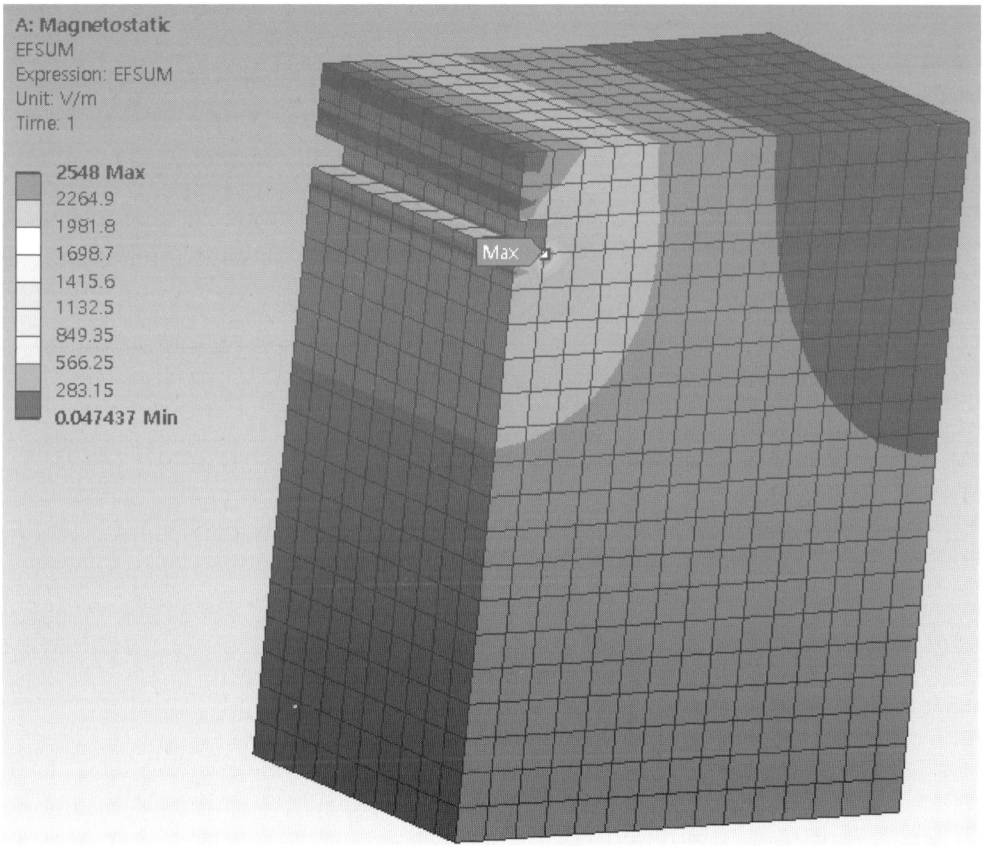

EXAMPLE | 9.4

ANSYS Mechanical을 이용해서 다음 정전기 문제를 해결하라. 그림 9.4에 표시된 경계 조건으로 무한히 긴 밀폐 채널(내부 유체: 공기)에 대한 전압 변화(ε = 1)와 최대 전기장 크기의 위치를 확인하라.

Example 9.4

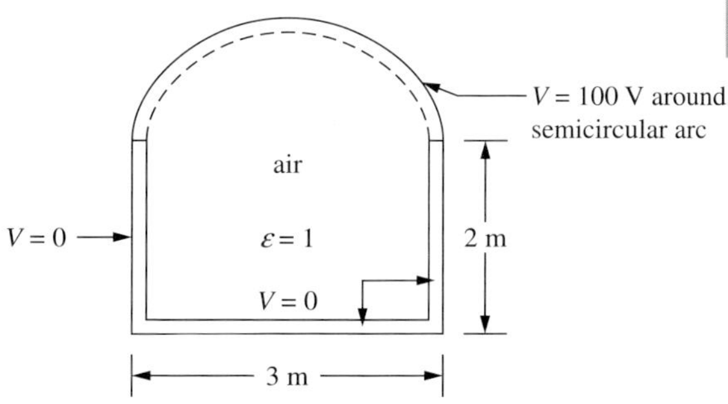

그림 9.4

1단계 ▶ 유한요소 모델의 생성

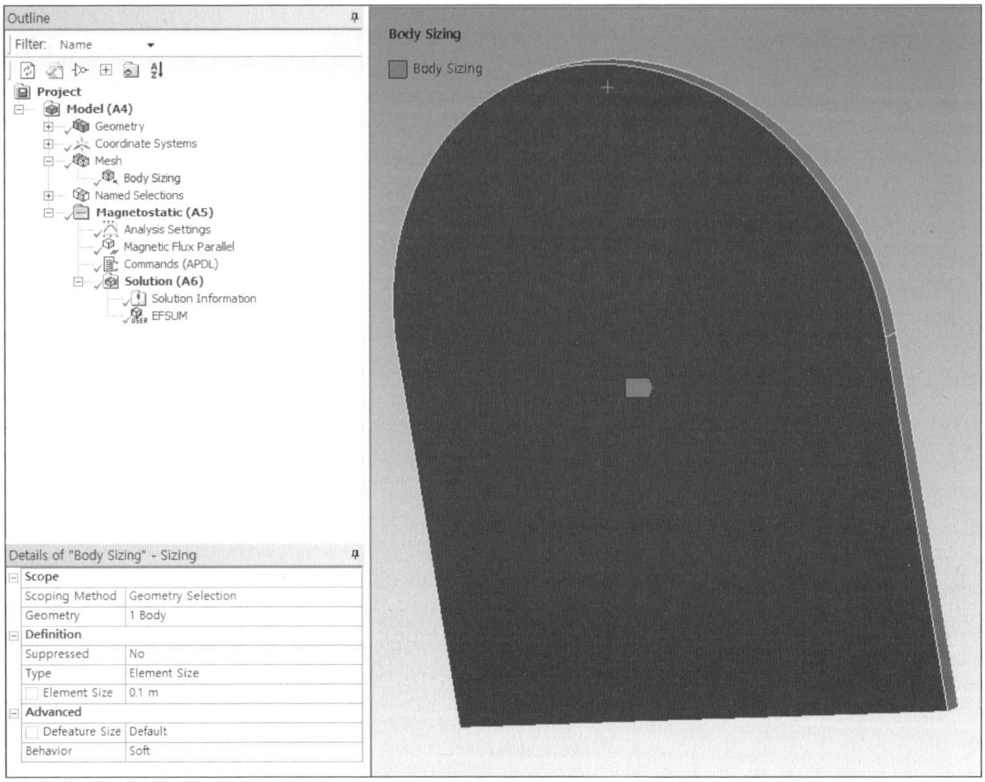

2단계 ▶ Named Selection 설정

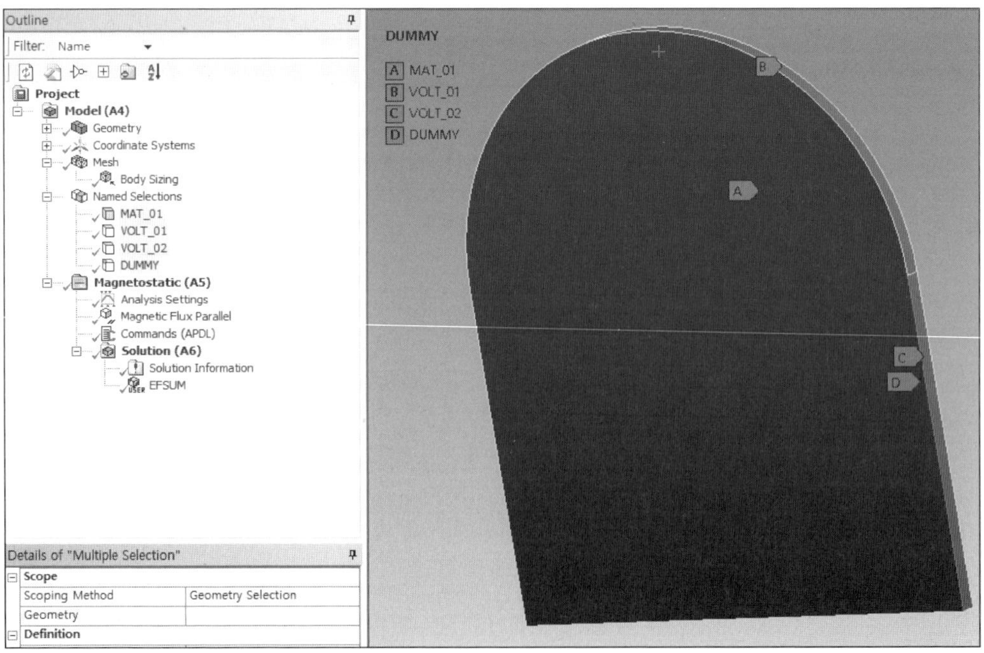

3단계 ▶ 경계조건 및 Command 입력

```
/ASSIGN   ,RST     ,FILE     ,RMG
/PREP7

MPDELE    ,ALL     ,1        ,1000    ! --> 저장된 물성 제거

ET        ,1001    ,122               ! air --> 공기 요소 타입 정의

EMUNIT    ,MKS

MP        ,PERX    ,1001     ,1       ! AIR --> 공기 유전율 정의

CMSEL     ,S       ,MAT_01            !--> 물성 정의
EMODIF    ,ALL     ,TYPE     ,1001
EMODIF    ,ALL     ,MAT      ,1001

CMSEL     ,S       ,VOLT_01           !--> 전압 인가
D         ,ALL     ,VOLT     ,100

CMSEL     ,S       ,VOLT_02           !--> 그라운드 설정
D         ,ALL     ,VOLT     ,0

ALLSEL
DDELE     ,DUMMY   ,ALL

ALLSEL
/SOLU
```

4단계 ▶ ANSYS Workbench 해석결과

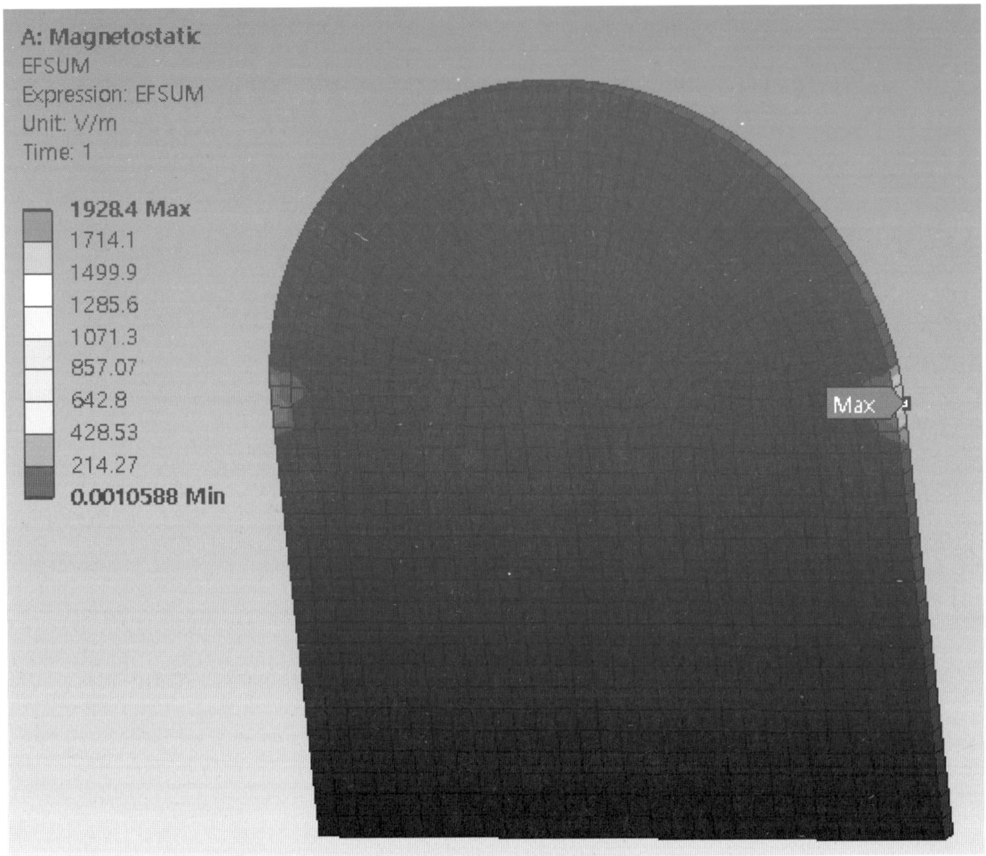

1 Node Selected: ID = 2576 Location = (3., 2., -0.1) m

열응력 해석

EXAMPLE 10.1

그림 10.1과 같은 트러스 구조물의 요소 1에 균일한 온도 30°F가 가해진다. $E = 30 \times 10^6$ psi, $A = 2$ in^2, $\alpha = 7.0 \times 10^{-6}$ (in./in)/°F일 때, 아래 자유절점의 변위를 계산하라.

Example 10.1

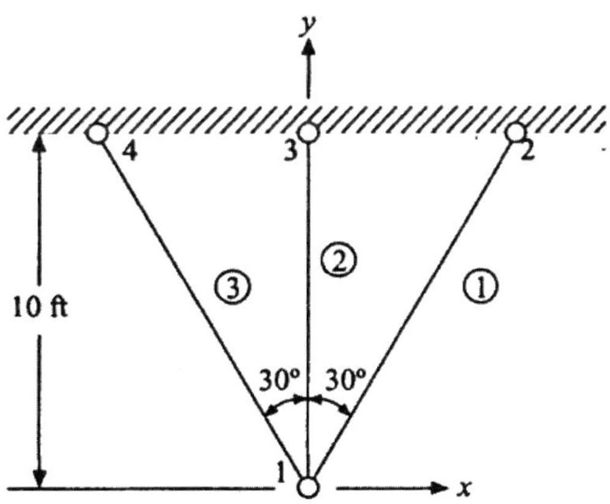

그림 10.1

EXAMPLE의 QR코드를 스캔하여 간편하게 예제별 동영상을 확인할 수 있습니다.
태성에스엔이 홈페이지(www.tsne.co.kr)에 회원가입 후 로그인하여 편리하게 이용할 수 있습니다.

1단계 ▶ 재료 물성치 정의

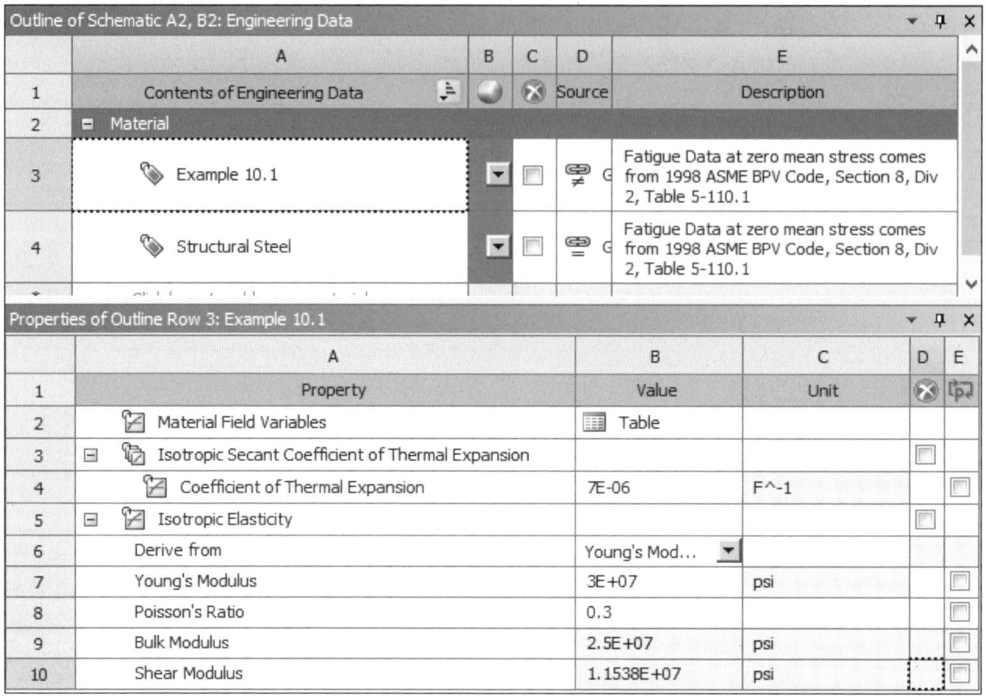

2단계 ▶ 유한요소 모델의 생성

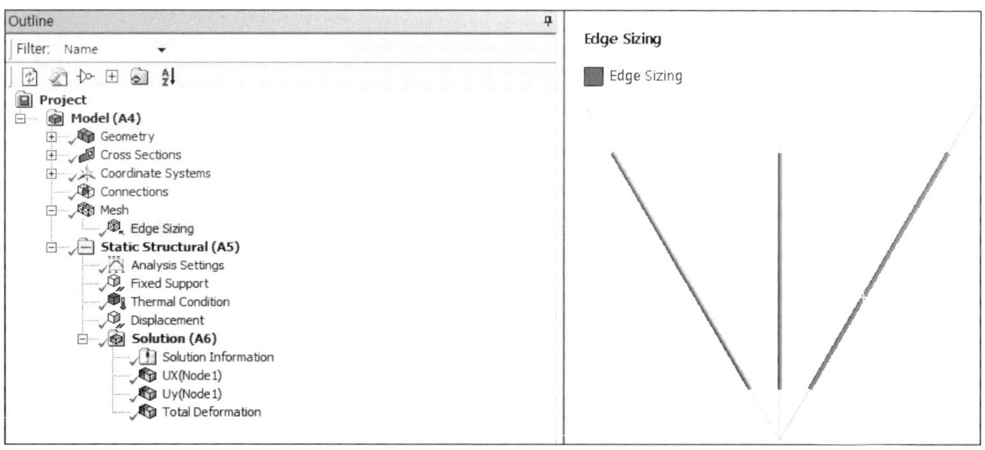

3단계 ▶ 하중과 경계조건의 적용

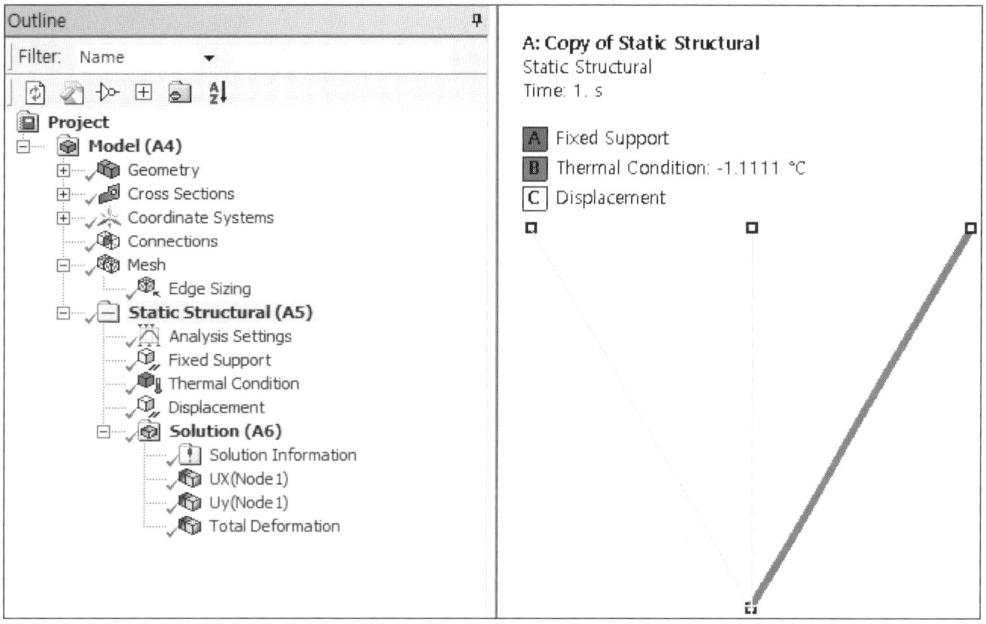

4단계 ▶ ANSYS Workbench 해석결과

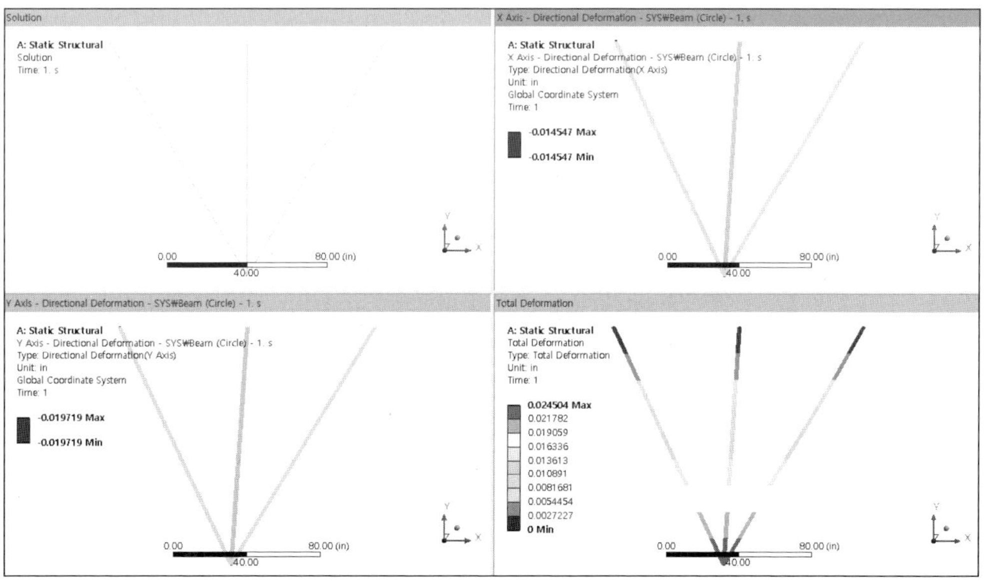

EXAMPLE | 10.2

그림 10.2와 같이 왼쪽이 고정된 평판의 온도가 균일하게 50°C 증가한다. 자유단의 변위와 평판 내부의 응력을 구하라. E = 210 Gpa, ν = 0.30, t = 5 mm, α = 12 × 10^{-6}/°C이다.

Example 10.2

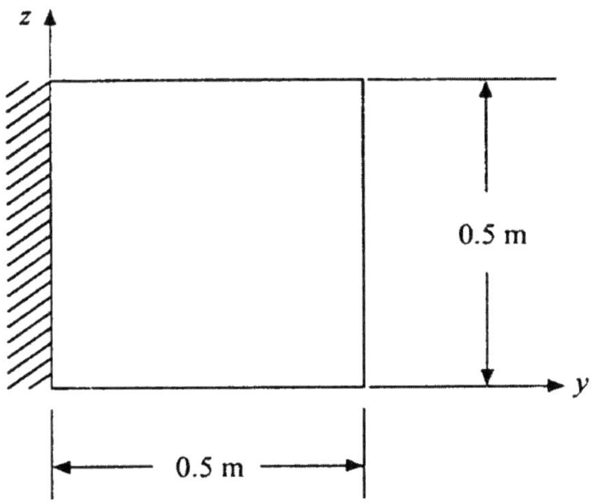

그림 10.2

1단계 ▶ 재료 물성치 정의

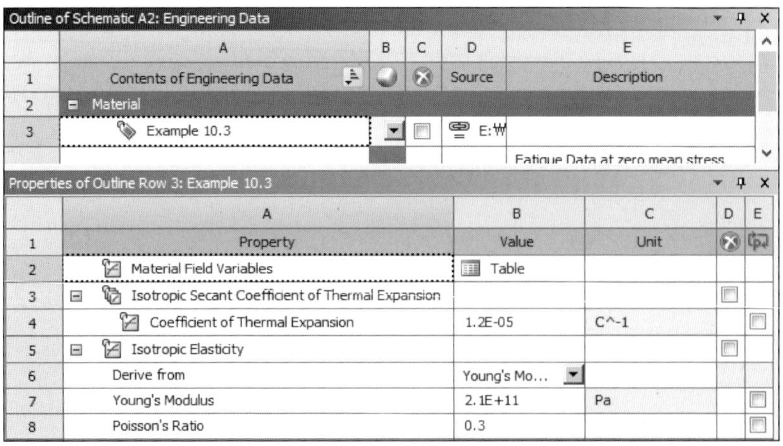

Outline of Schematic A2: Engineering Data

	A	B	C	D	E
1	Contents of Engineering Data			Source	Description
2	Material				
3	Example 10.3			E:₩	
					Fatigue Data at zero mean stress

Properties of Outline Row 3: Example 10.3

	A	B	C	D	E
1	Property	Value	Unit		
2	Material Field Variables	Table			
3	Isotropic Secant Coefficient of Thermal Expansion				
4	Coefficient of Thermal Expansion	1.2E-05	C^-1		
5	Isotropic Elasticity				
6	Derive from	Young's Mo...			
7	Young's Modulus	2.1E+11	Pa		
8	Poisson's Ratio	0.3			

2단계 ▶ 유한요소 모델의 생성

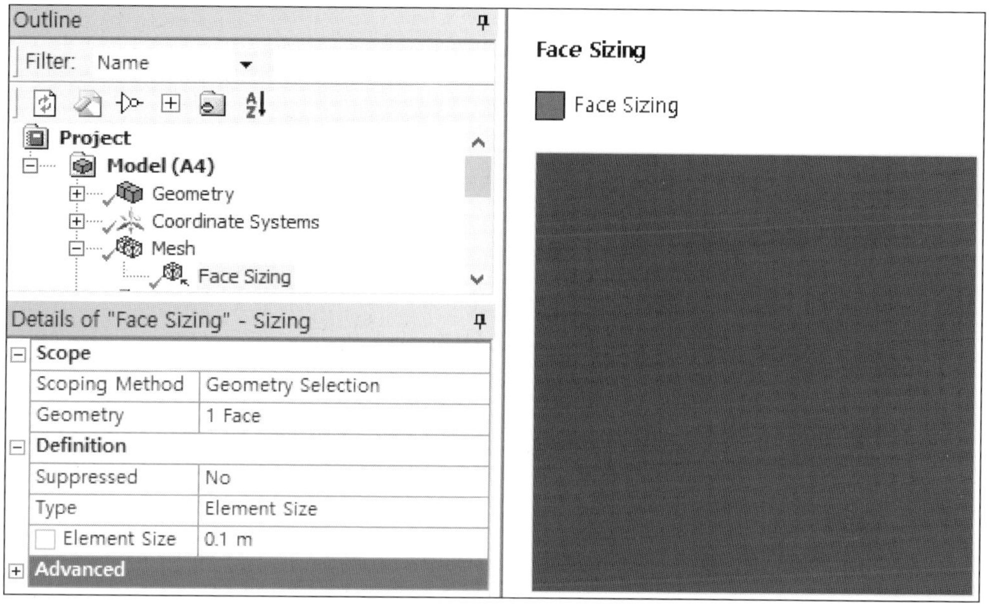

3단계 ▶ 하중과 경계조건의 적용

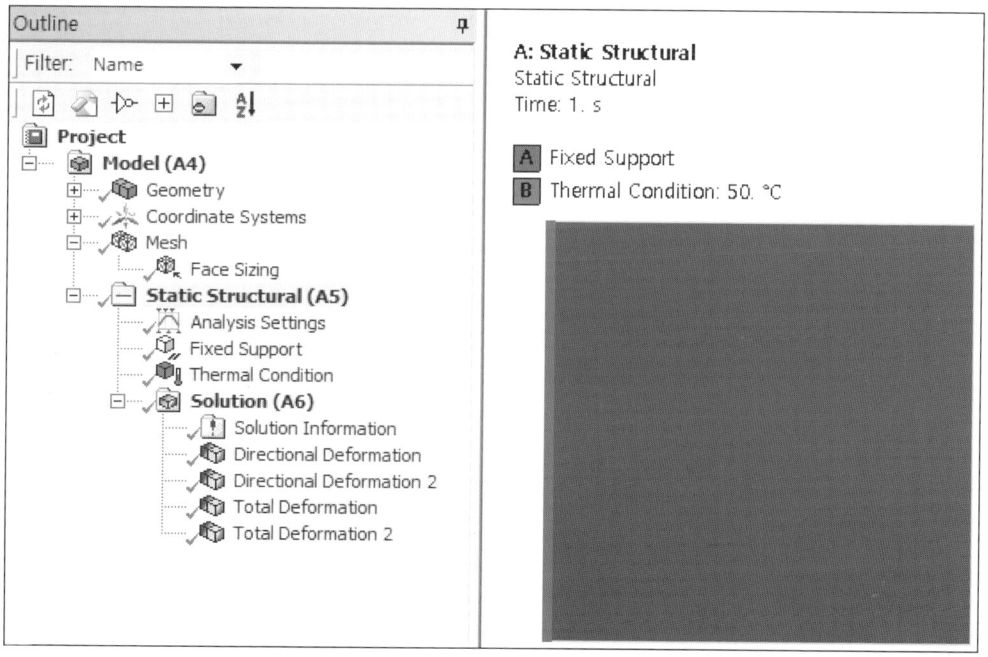

4단계 ▶ ANSYS Workbench 해석결과

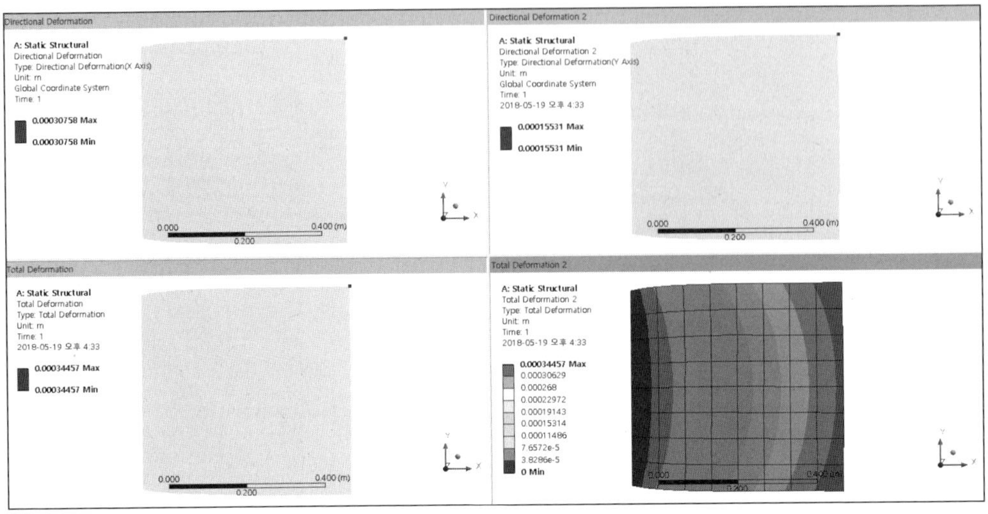

EXAMPLE | 10.3

그림 10.3과 같은 알루미늄 튜브가 상온 상태에서 40°C로 증가할 때 변형 양상과 응력분포를 알아보자.

$E = 70$ GPa, $\nu = 0.33$, $\alpha = 23 \times 10^{-6}$/°F

Example 10.3

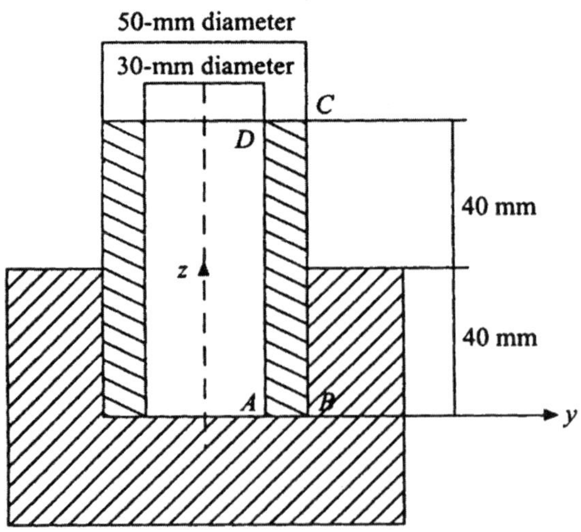

그림 10.3

1단계 ▶ 재료 물성치 정의

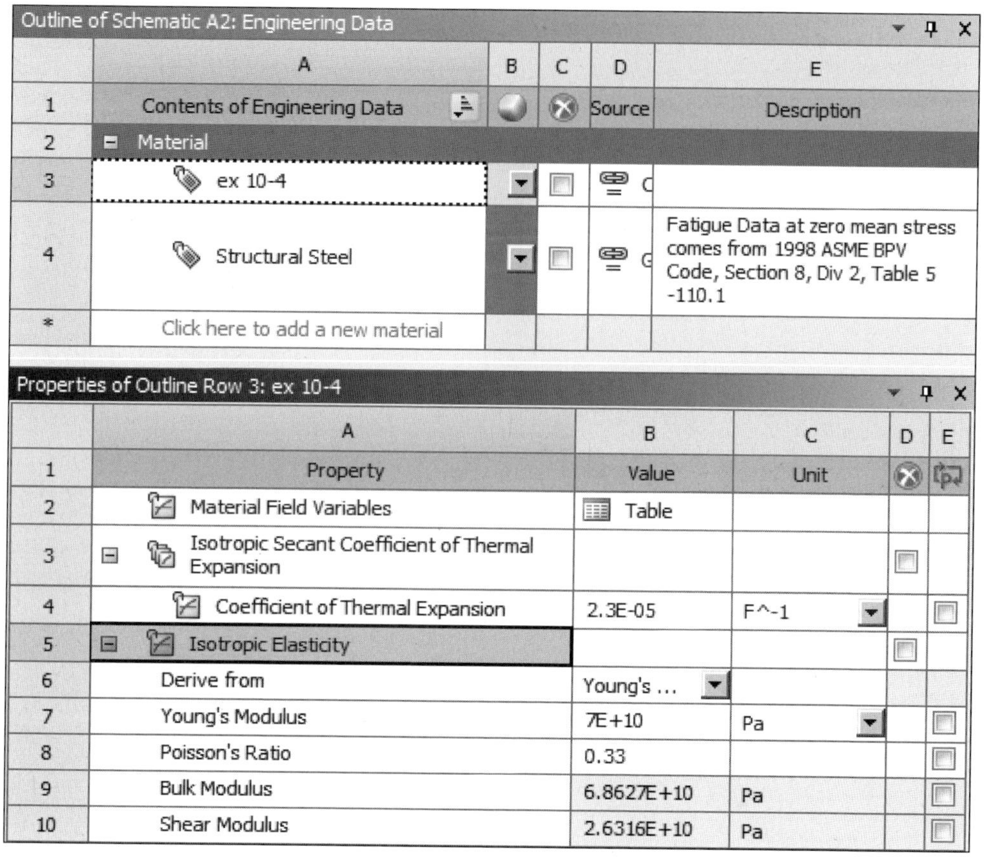
Outline of Schematic A2: Engineering Data
A B C D E
1 Contents of Engineering Data Source Description
2 Material
3 ex 10-4
4 Structural Steel
Fatigue Data at zero mean stress comes from 1998 ASME BPV Code, Section 8, Div 2, Table 5 -110.1
Click here to add a new material
Properties of Outline Row 3: ex 10-4
A B C D E
1 Property Value Unit
2 Material Field Variables Table
3 Isotropic Secant Coefficient of Thermal Expansion
4 Coefficient of Thermal Expansion 2.3E-05 F^-1
5 Isotropic Elasticity
6 Derive from Young's ...
7 Young's Modulus 7E+10 Pa
8 Poisson's Ratio 0.33
9 Bulk Modulus 6.8627E+10 Pa
10 Shear Modulus 2.6316E+10 Pa

2단계 ▶ 유한요소 모델의 생성

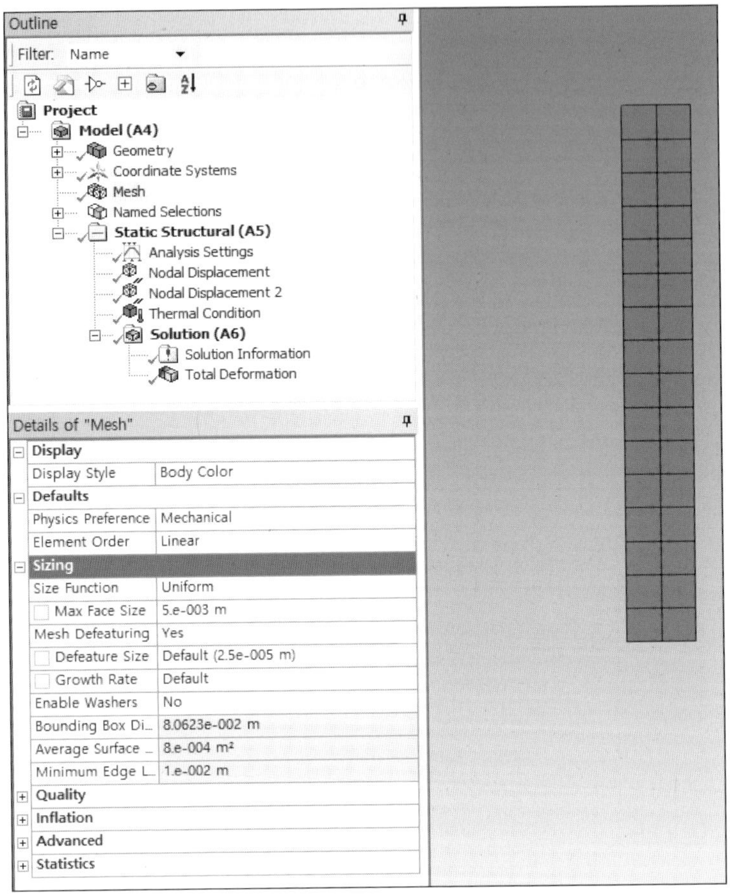

3단계 ▶ 하중과 경계조건의 적용

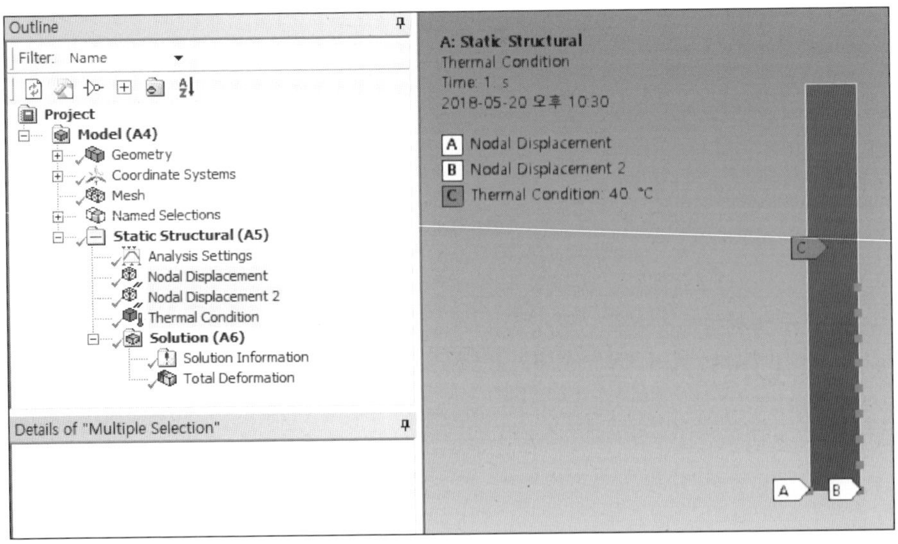

4단계 ▶ ANSYS Workbench 해석결과

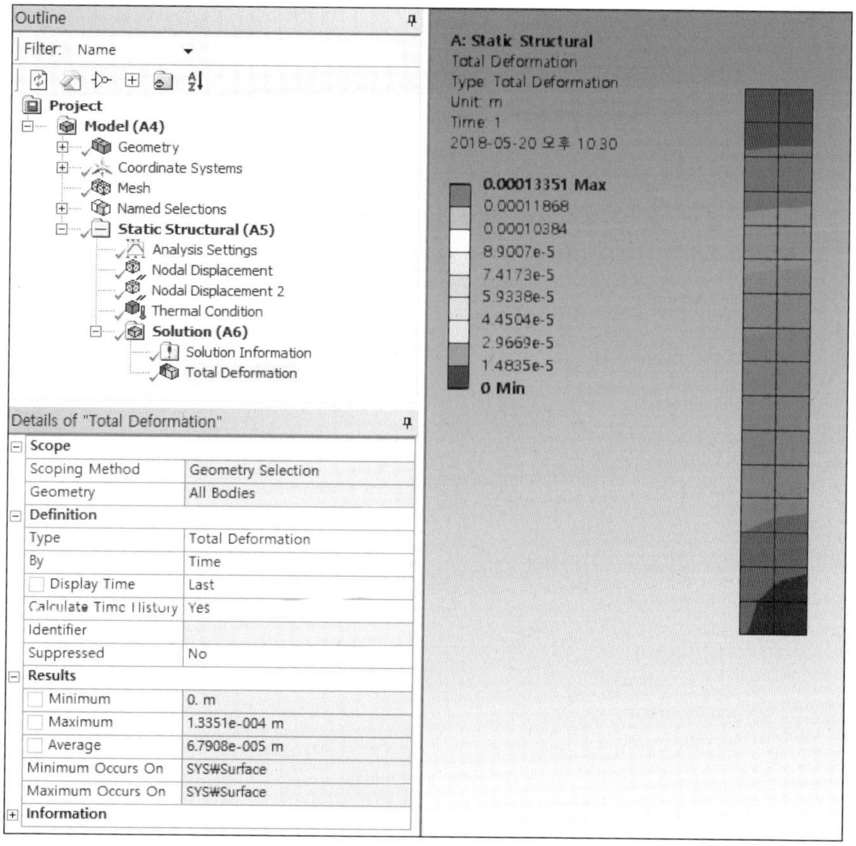

EXAMPLE 10.4

그림 10.4와 같이 모델의 오른쪽 끝 Fixed로 표기된 면이 고정된 상황에서 홀 안쪽 면의 온도가 80°C까지 상승한다. 이때 최대 Von Mises 응력을 확인하라. 재질은 AISI 1020 cold-rolled steel로 가정

Example 10.4

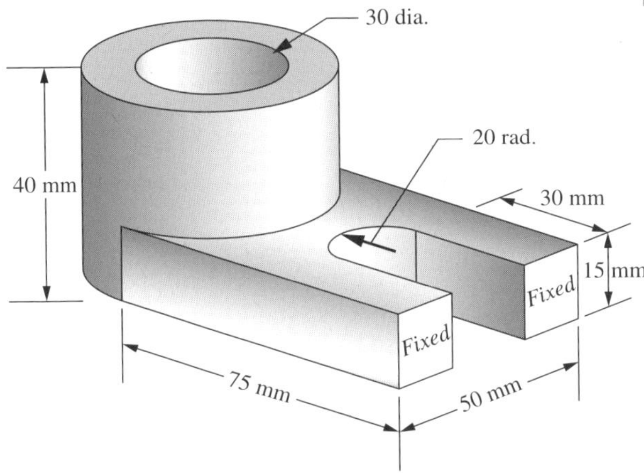

그림 10.4

1단계 ▶ 재료 물성치 정의

Outline of Schematic A2: Engineering Data

	A	B	C	D	E
1	Contents of Engineering Data			Source	Description
2	Material				
3	AISI 1020			C	
4	Structural Steel			G	Fatigue Data at zero mean stress comes from 1998 ASME BPV Code, Section 8, Div 2, Table 5-110.1
*	Click here to add a new material				

Properties of Outline Row 3: AISI 1020

	A	B	C	D	E
1	Property	Value	Unit		
2	Material Field Variables	Table			
3	Density	7.87	g cm^-3		
4	Isotropic Secant Coefficient of Thermal Expansion				
5	Coefficient of Thermal Expansion	1.17E-05	C^-1		
6	Isotropic Elasticity				
7	Derive from	Young's Modulu...			
8	Young's Modulus	1.86E+11	Pa		
9	Poisson's Ratio	0.29			
10	Bulk Modulus	1.4762E+11	Pa		
11	Shear Modulus	7.2093E+10	Pa		
12	Tensile Yield Strength	3.5E+08	Pa		

2단계 ▶ 유한요소 모델의 생성

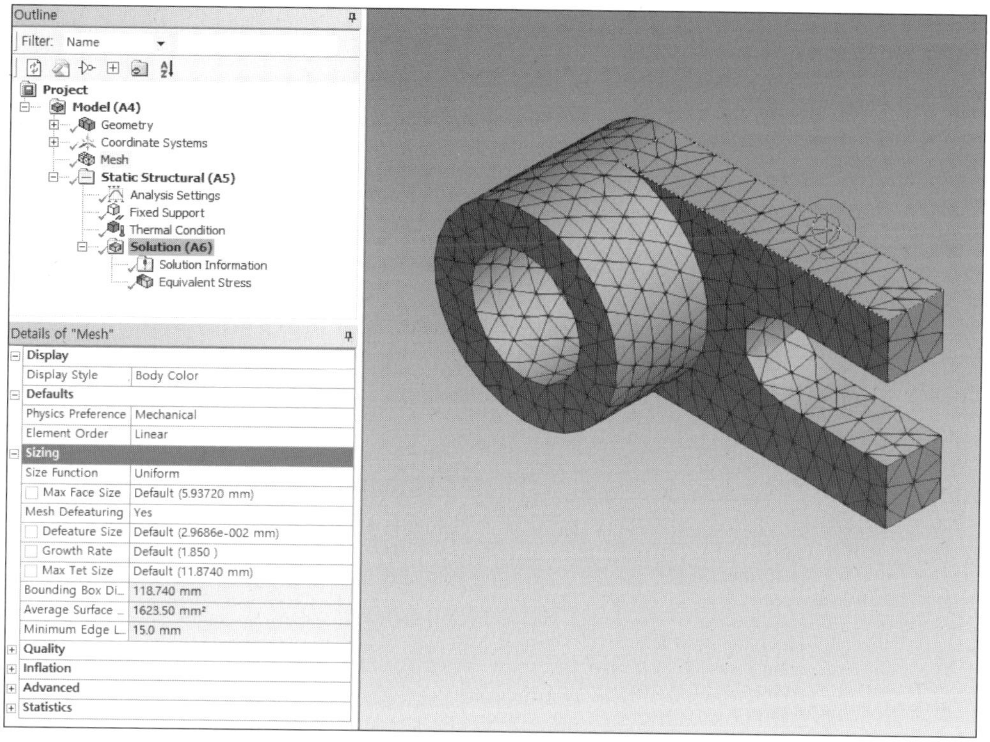

3단계 ▶ 하중과 경계조건의 적용

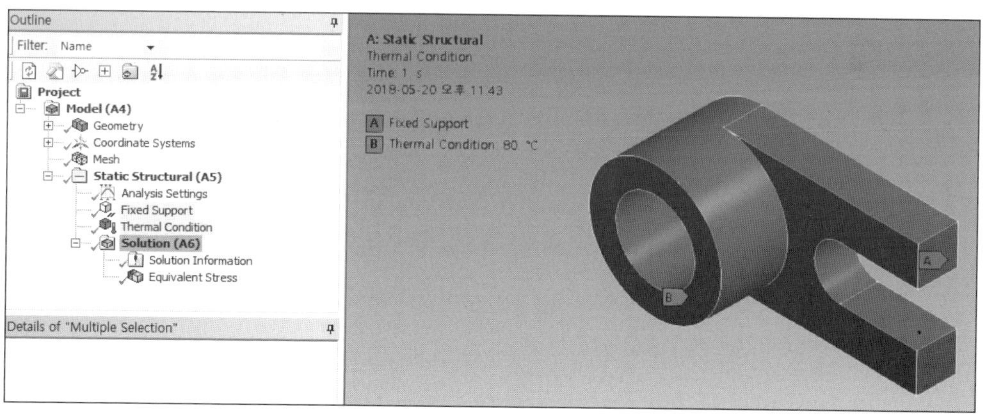

4단계 ▶ ANSYS Workbench 해석결과

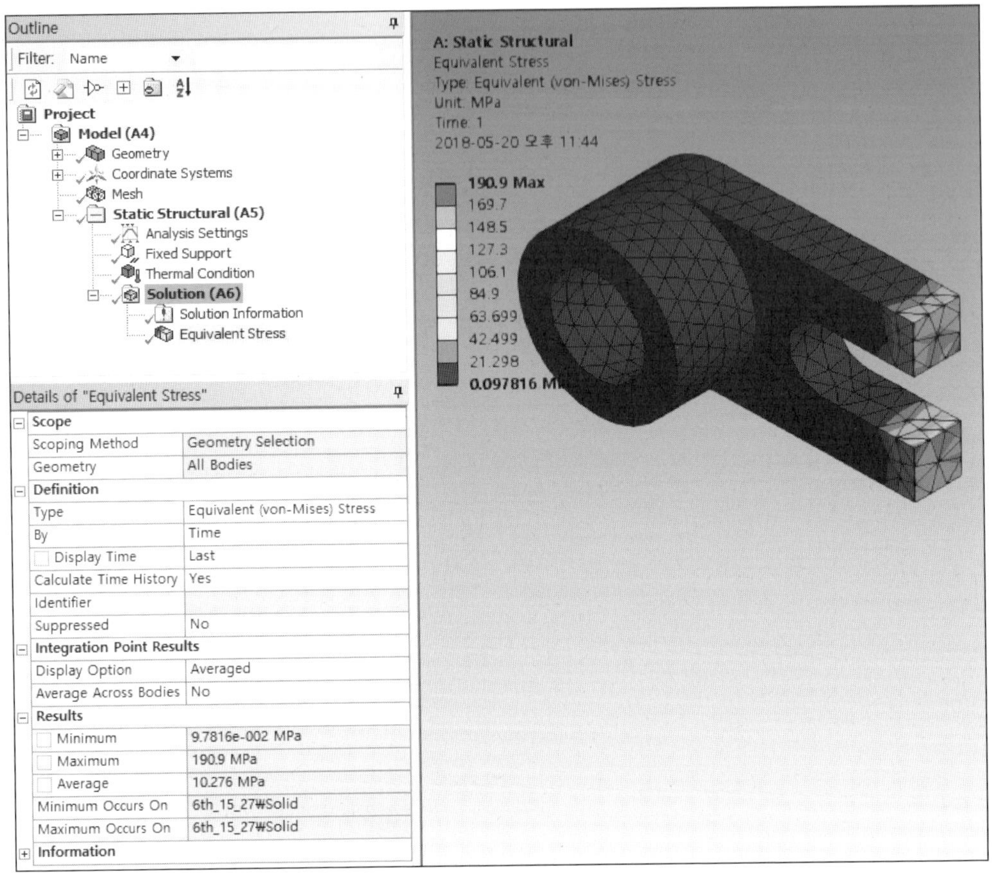

CHAPTER 11 A First Course In The **FINITE ELEMENT METHOD** Examples

구조동역학, 시간 의존성 열전달

EXAMPLE | 11.1

그림 11.1과 같이 200 in의 길이를 가진 1차원 봉의 고유진동수를 구해보자. $E = 30 \times 10^6$ psi, $p = 0.238$ lb/in^3, $A = 1$ in^{2}이다.

Example 11.1

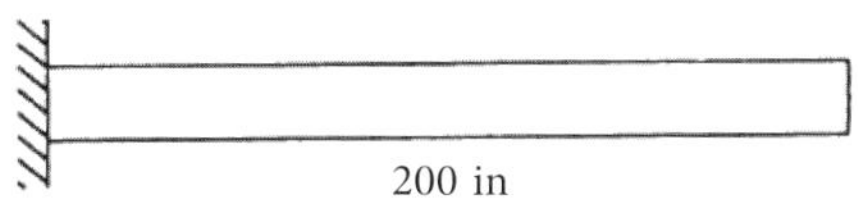

그림 11.1

1단계 ▶ 재료 물성치 정의

	A	B	C	D	E
1	Property	Value	Unit		
2	Material Field Variables	Table			
3	Density	0.2836	lb in^-3		
4	Isotropic Secant Coefficient of Thermal Expansion				
5	Coefficient of Thermal Expansion	6.6667E-06	R^-1		
6	Isotropic Elasticity				
7	Derive from	Young's Modulus and P...			
8	Young's Modulus	2.9008E+07	psi		
9	Poisson's Ratio	0.3			
10	Bulk Modulus	2.4173E+07	psi		
11	Shear Modulus	1.1157E+07	psi		

EXAMPLE의 QR코드를 스캔하여 간편하게 예제별 동영상을 확인할 수 있습니다.
태성에스엔이 홈페이지(www.tsne.co.kr)에 회원가입 후 로그인하여 편리하게 이용할 수 있습니다.

2단계 ▶ 유한요소 모델의 생성

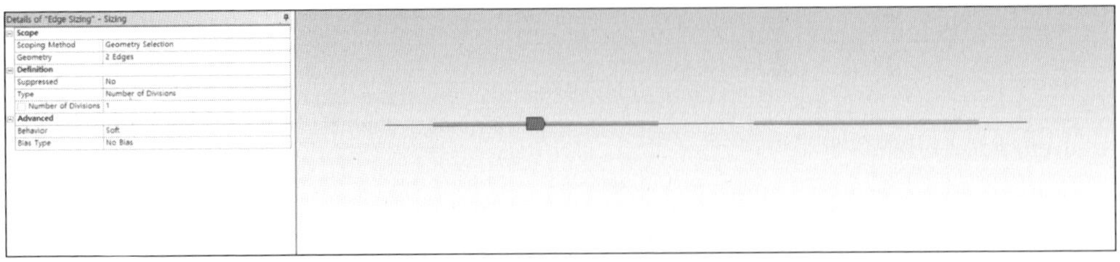

3단계 ▶ 경계조건

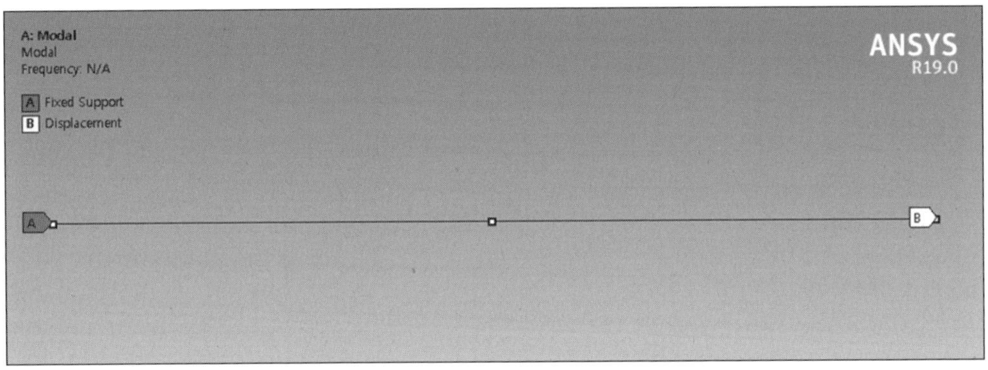

4단계 ▶ ANSYS Workbench 해석결과

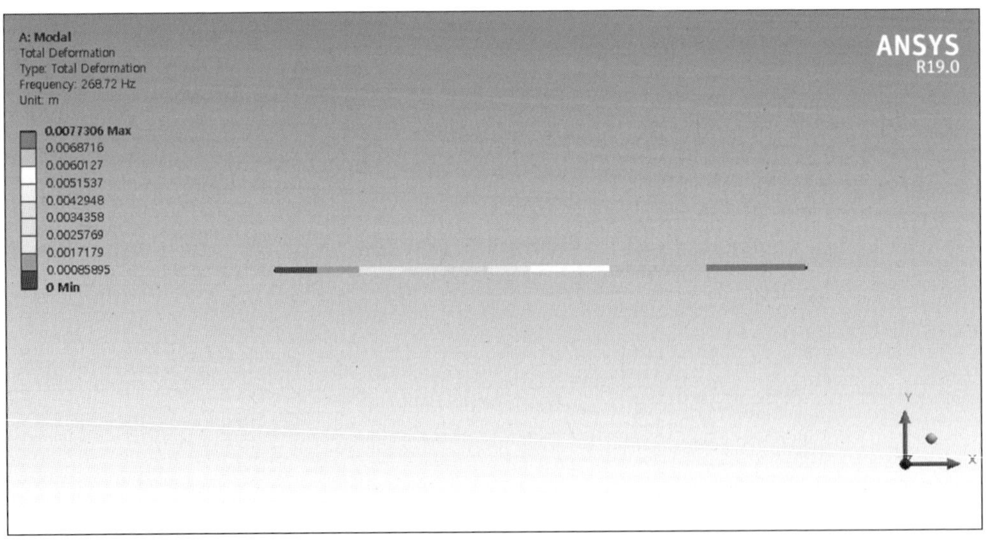

EXAMPLE | 11.2

그림 11.2와 같이 30 in의 길이를 가진 단순 외팔보의 고유진동수를 구해보자. $E = 30 \times 10^6$ psi, $Ix = 0.0833$ in^4, $\rho = 0.283$ lb/in^3, $A = 1$ in^2

Example 11.2

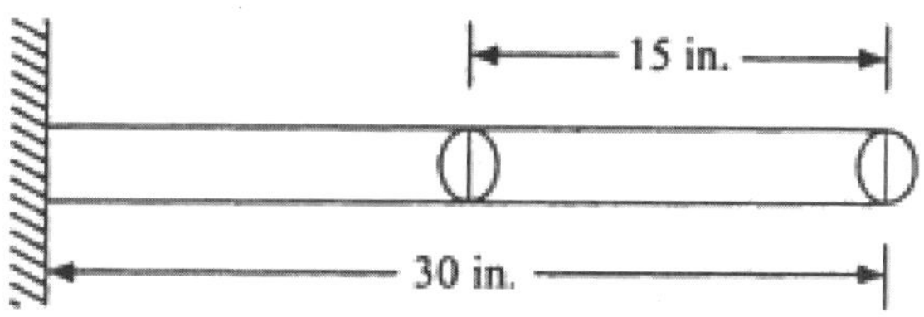

그림 11.2

1단계 ▶ 재료 물성치 정의

Outline of Schematic A2: Engineering Data

	A	B	C	D	E
1	Contents of Engineering Data			Source	Description
2	⊟ Material				
3	Example 11.2				
4	Structural Steel			General_Materials	Fatigue Data at zero mean stress comes from 1998 ASME BPV Code, Section 8, Div 2, Table 5-110.1
*	Click here to add a new material				

Properties of Outline Row 4: Example 11.2

	A	B	C	D	E
1	Property	Value	Unit		
2	Material Field Variables	Table			
3	Density	0.283	lb in^-3		
4	⊟ Isotropic Elasticity				
5	Derive from	Young's Modulus a...			
6	Young's Modulus	3E+07	psi		
7	Poisson's Ratio	0.3			
8	Bulk Modulus	2.5E+07	psi		
9	Shear Modulus	1.1538E+07	psi		

2단계 ▶ 유한요소 모델의 생성

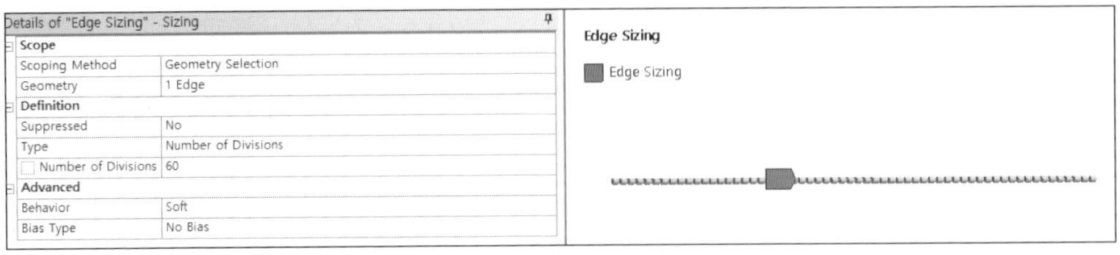

Details of "Edge Sizing" - Sizing

Scope	
Scoping Method	Geometry Selection
Geometry	1 Edge
Definition	
Suppressed	No
Type	Number of Divisions
Number of Divisions	60
Advanced	
Behavior	Soft
Bias Type	No Bias

3단계 ▶ 경계조건의 적용

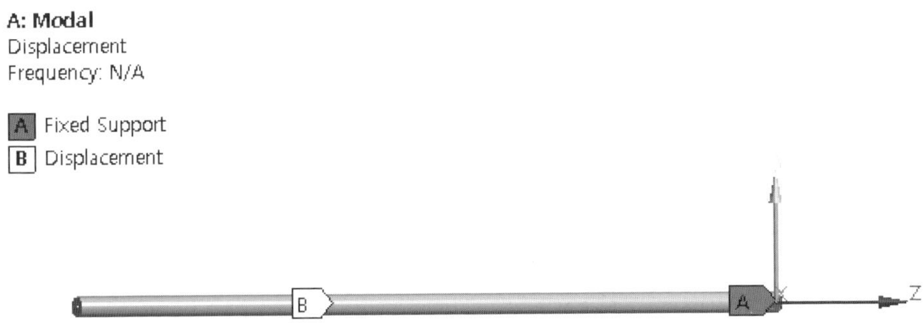

4단계 ▶ ANSYS Workbench 해석결과

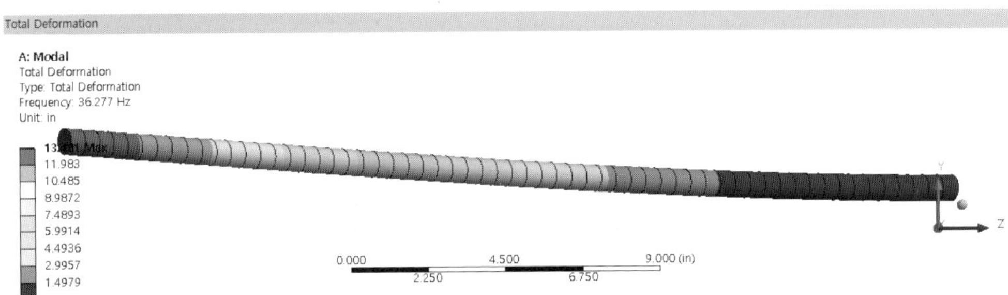

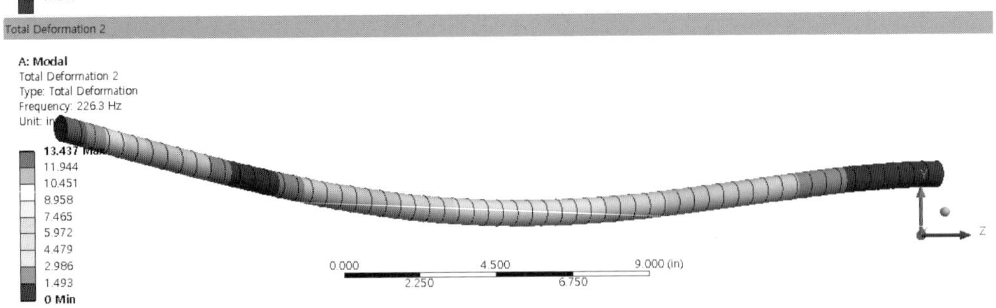

EXAMPLE | 11.3

그림 11.3과 같은 양단 고정보의 고유진동수를 5차 모드까지 구해 보자.

$E = 30 \times 10^6 \ psi,$

$\nu = 0.33,$

$p = 0.00073 \ lb \ \frac{sec^2}{in^4}$

$I_{zz} = 0.0833$

$A = 1 \ \mathrm{in}^2$

Example 11.3

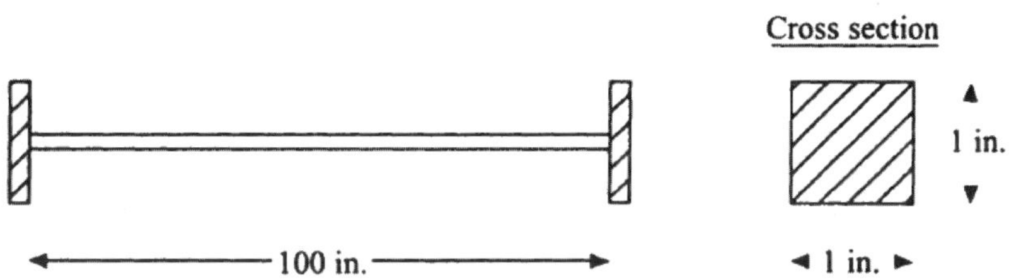

그림 11.3

1단계 ▶ 재료 물성치 정의

Outline of Schematic A2: Engineering Data

	A	B	C	D	E
1	Contents of Engineering Data			Source	Description
2	Material				
3	Example11.3				
4	Structural Steel			G	Fatigue Data at zero mean stress comes from 1998 ASME BPV Code, Section 8, Div 2, Table 5-110.1
*	Click here to add a new material				

Properties of Outline Row 3: Example11.3

	A	B	C	D	E
1	Property	Value	Unit		
2	Material Field Variables	Table			
3	Density	0.00073	slinch in^-3		
4	Isotropic Elasticity				
5	Derive from	Young's ...			
6	Young's Modulus	3E+07	psi		
7	Poisson's Ratio	0.33			

2단계 ▶ 유한요소 모델의 생성

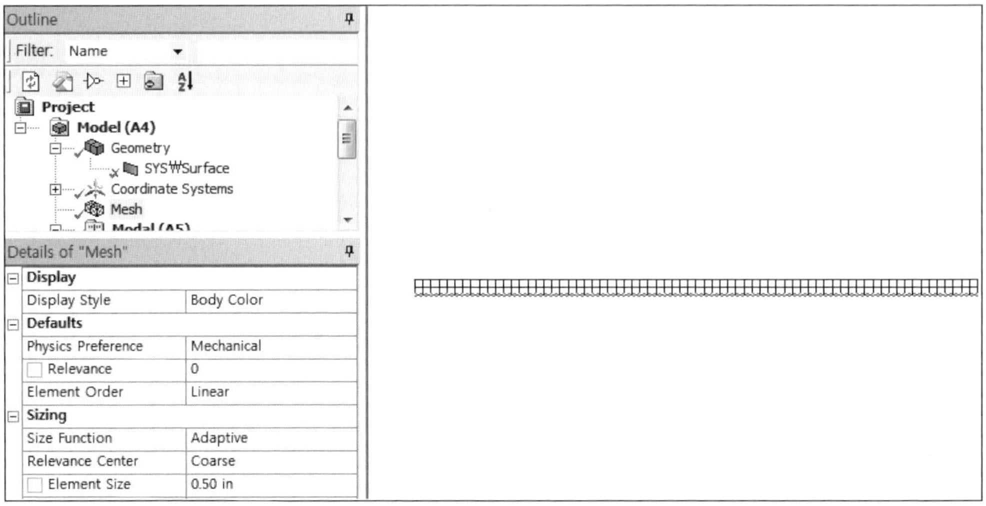

3단계 ▶ 하중과 경계조건의 적용

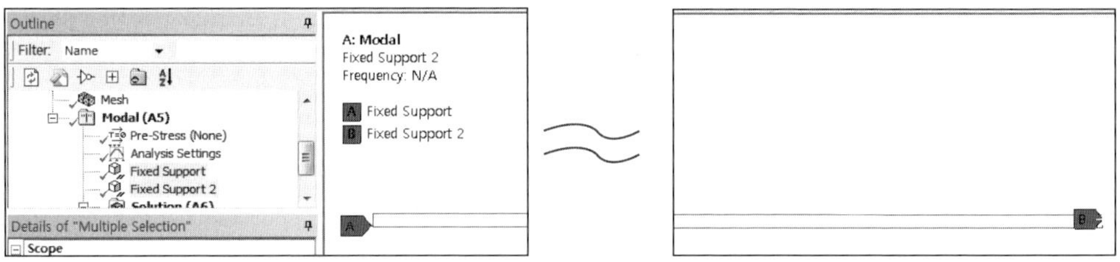

4단계 ▶ ANSYS Workbench 해석결과

	Mode	Frequency [Hz]
1	1.	20.837
2	2.	57.4
3	3.	112.43
4	4.	185.64
5	5.	276.94
6	6.	386.19

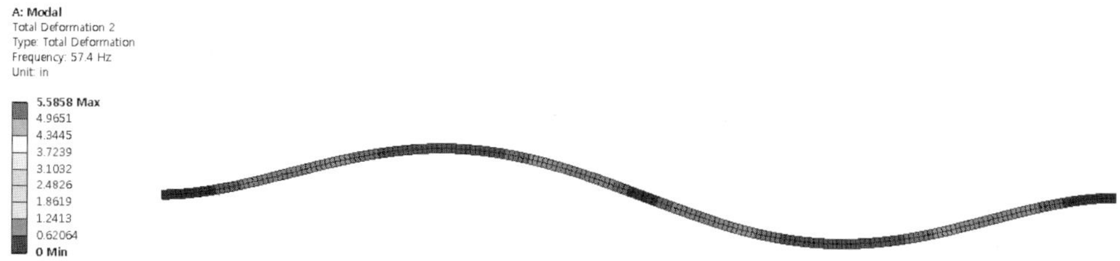
A: Modal
Total Deformation 2
Type: Total Deformation
Frequency: 57.4 Hz
Unit: in
5.5858 Max
4.9651
4.3445
3.7239
3.1032
2.4826
1.8619
1.2413
0.62064
0 Min

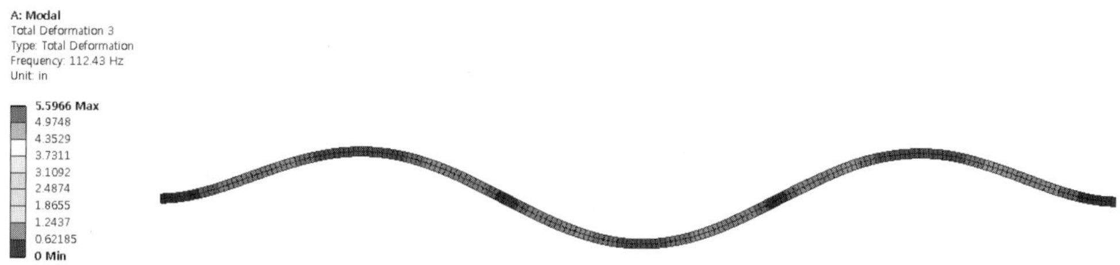
A: Modal
Total Deformation 3
Type: Total Deformation
Frequency: 112.43 Hz
Unit: in
5.5966 Max
4.9748
4.3529
3.7311
3.1092
2.4874
1.8655
1.2437
0.62185
0 Min

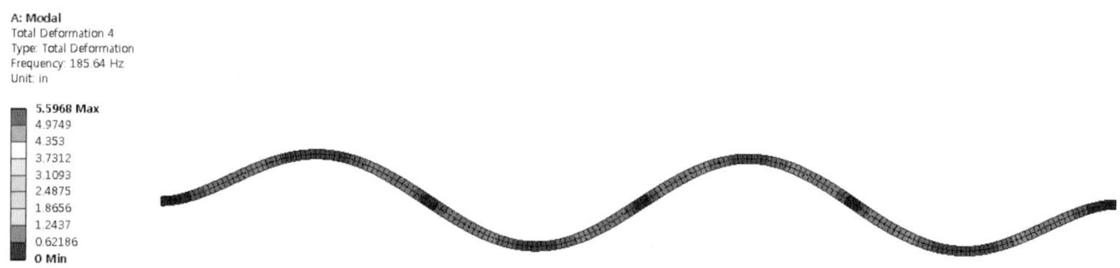
A: Modal
Total Deformation 4
Type: Total Deformation
Frequency: 185.64 Hz
Unit: in
5.5968 Max
4.9749
4.353
3.7312
3.1093
2.4875
1.8656
1.2437
0.62186
0 Min

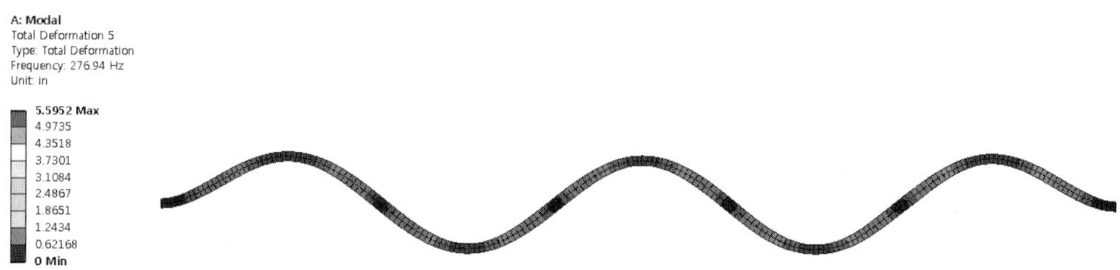
A: Modal
Total Deformation 5
Type: Total Deformation
Frequency: 276.94 Hz
Unit: in
5.5952 Max
4.9735
4.3518
3.7301
3.1084
2.4867
1.8651
1.2434
0.62168
0 Min

EXAMPLE 11.4

그림 11.4에서 보는 바와 같이 오른쪽 끝 단면이 구속되어 있는 3차원 모델의 고유진동수와 모드 형상을 확인해보자. 재질은 AISI1020 Cold-rolled Steel로 가정한다.

Example 11.4

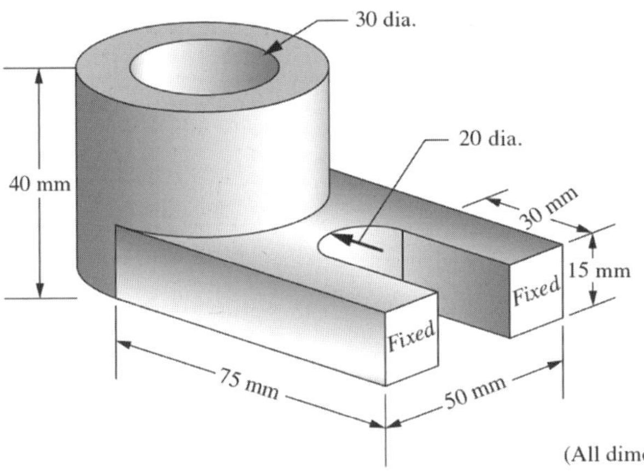

(All dimensions in mm units)

그림 11.4

1단계 ▶ 재료 물성치 정의

Outline of Schematic A2: Engineering Data

	A	B	C	D	E
1	Contents of Engineering Data			Source	Description
2	Material				
3	AISI1020 Cold-rolled Steel		☐		
4	~~Structural Steel~~		☑	G	Fatigue Data at zero mean stress comes from 1998 ASME BPV Code, Section 8, Div 2, Table 5-110.1

Properties of Outline Row 3: AISI1020 Cold-rolled Steel

	A	B	C	D	E
1	Property	Value	Unit		
2	Material Field Variables	Table			
3	Density	7870	kg m^-3	☐	☐
4	Isotropic Elasticity			☐	
5	Derive from	Young's Mod...			
6	Young's Modulus	1.86E+11	Pa		☐
7	Poisson's Ratio	0.29			☐
8	Bulk Modulus	1.4762E+11	Pa		☐
9	Shear Modulus	7.2093E+10	Pa		☐

2단계 ▶ 유한요소 모델의 생성

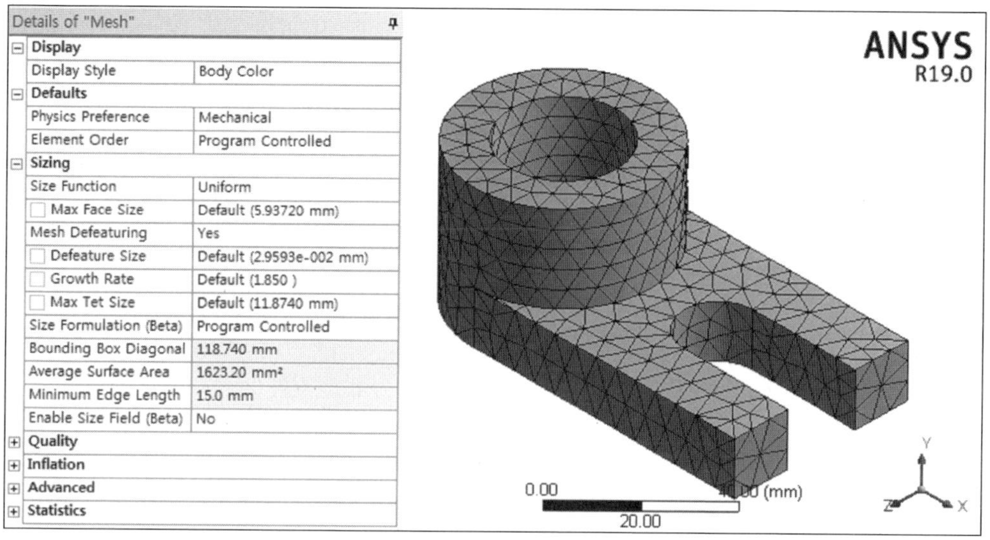

3단계 ▶ 하중과 경계조건의 적용

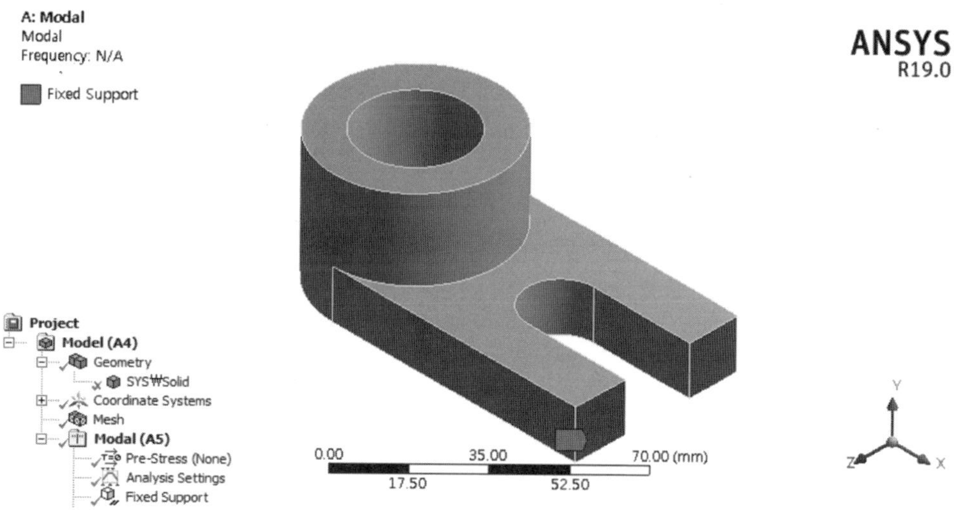

4단계 ▶ ANSYS Workbench 해석결과

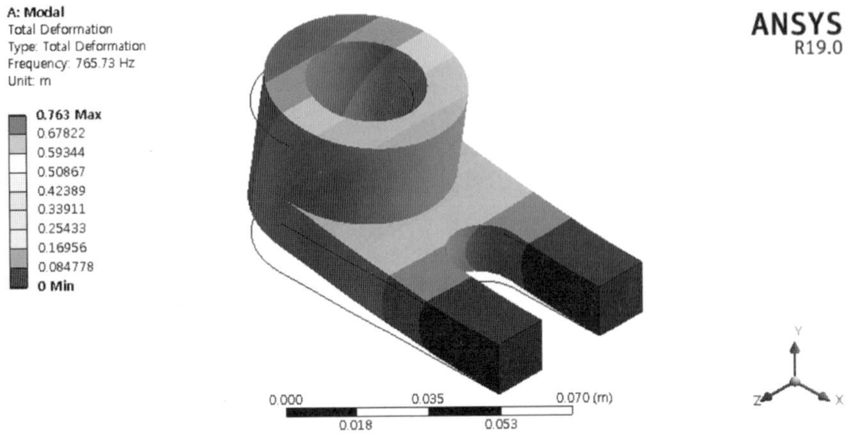

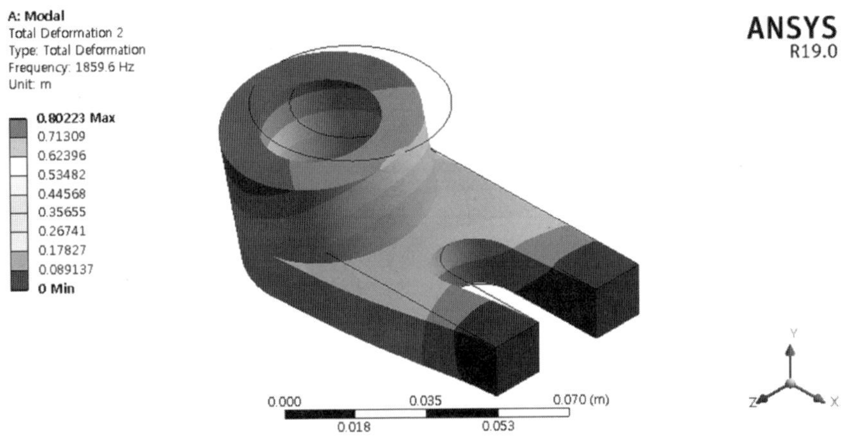

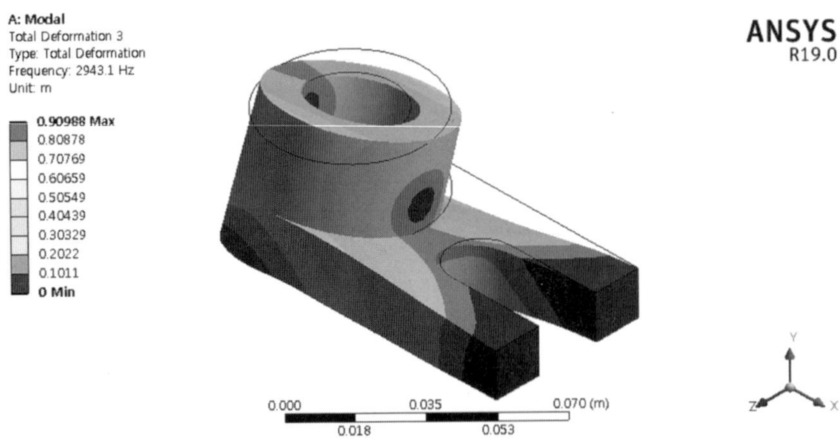

EXAMPLE | 11.5

그림 11.5와 같이 시간 의존성 하중을 받고 있는 봉의 시간에 따른 절점 변위를 해석해보자.

Example 11.5

$E = 30 \times 10^6$ psi

$p = 0.00073 \text{ lb} \dfrac{\text{sec}^2}{\text{in}^4}$

$I_{zz} = 0.0833$

$A = 1 \text{ in}^2$

$L = 100$ in

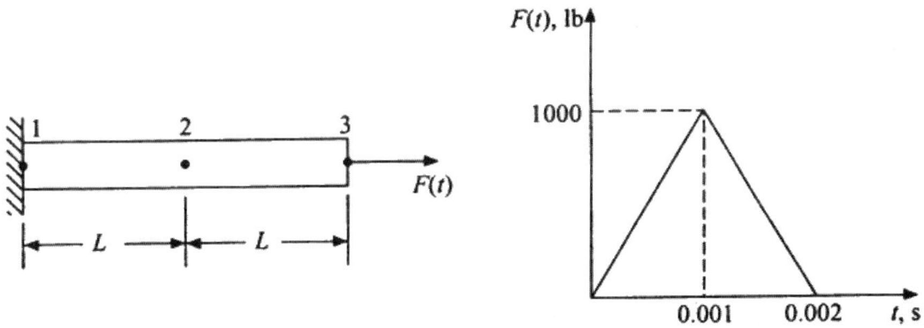

그림 11.5

1단계 ▶ 재료 물성치 정의

```
alls
et,100,1
r,100,
1MP,EX,100,30e6
MP,DENS,100,0.00073

Emodif,all,type,100
Emodif,all,real,100
emodif,all,mat,100
```

2단계 ▶ 유한요소 모델의 생성

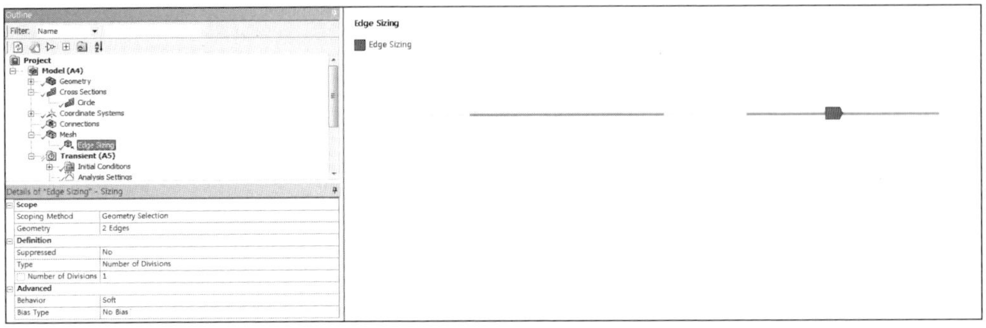

3단계 ▶ 하중과 경계조건의 적용

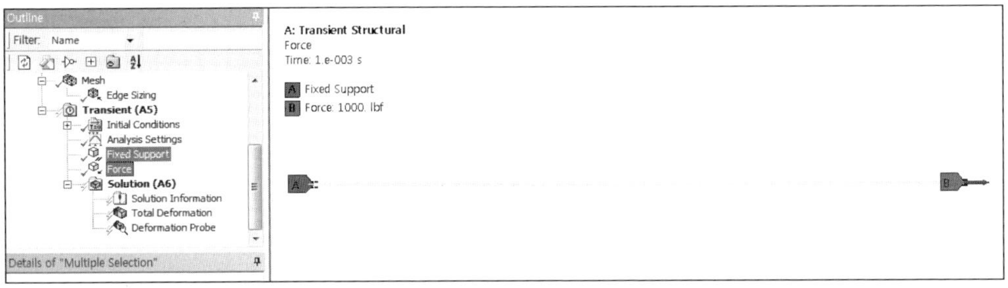

4단계 ▶ ANSYS Workbench 해석결과

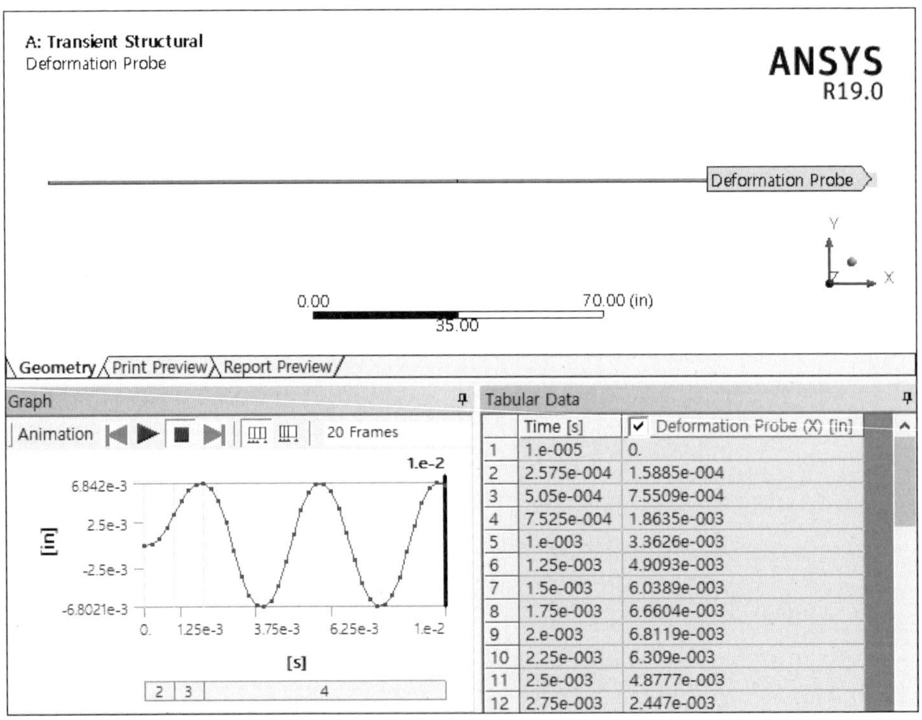

EXAMPLE 11.6

그림 11.6과 같이 시간 의존성 하중을 받고 있는 양단 고정보의 시간에 따른 절점 변위를 해석해보자. 적분시간 구간은 0.01 s를 사용하라. $E = 6.58 \times 10^6$ psi, $I = 100$ in^4, $\rho = 38.6$ lb/in^3, $A = 1$ in^{2}이며, 길이는 $L = 200$ in이다.

Example 11.6

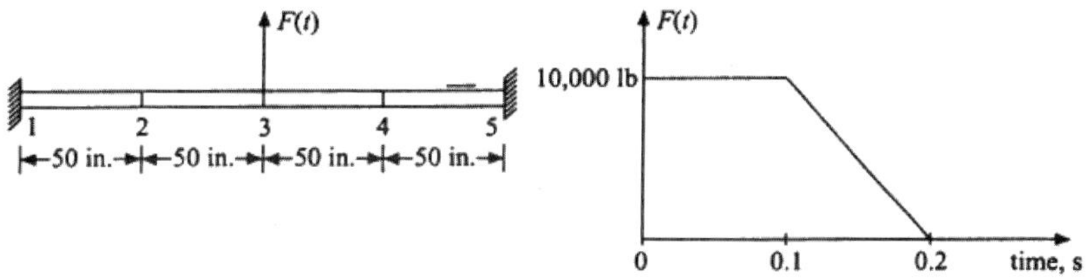

그림 11.6

1단계 ▶ 재료 물성치 정의

Outline of Schematic A2: Engineering Data

	A	B	C	D	E
1	Contents of Engineering Data			Source	Description
2	Material				
3	Example 11.6				
4	Structural Steel			General_Materials.xı	Fatigue Data at zero mean stress comes from 1998 ASME BPV Code, Section 8, Div 2, Table 5-110.1
*	Click here to add a new material				

Properties of Outline Row 3: Example 11.6

	A	B	C	D	E
1	Property	Value	Unit		
2	Material Field Variables	Table			
3	Density	38.6	lb in^-3		
4	Isotropic Elasticity				
5	Derive from	Young's Modulus an...			
6	Young's Modulus	6.58E+06	psi		
7	Poisson's Ratio	0.3			
8	Bulk Modulus	5.4833E+06	psi		
9	Shear Modulus	2.5308E+06	psi		

2단계 ▶ 유한요소 모델의 생성

Details of "Edge Sizing" - Sizing

Scope	
Scoping Method	Geometry Selection
Geometry	4 Edges
Definition	
Suppressed	No
Type	Number of Divisions
Number of Divisions	1
Advanced	
Behavior	Soft
Bias Type	No Bias

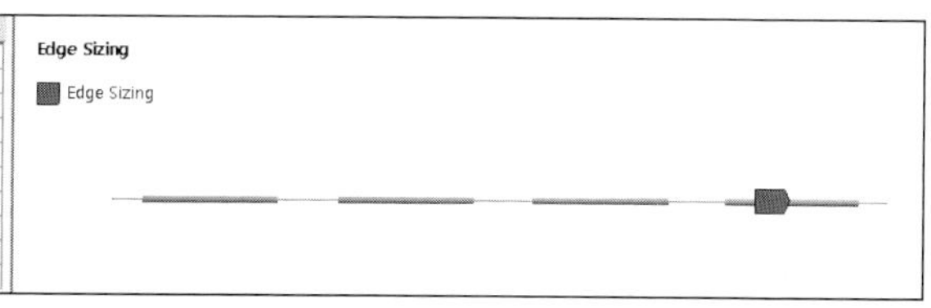

3단계 ▶ 경계조건의 적용

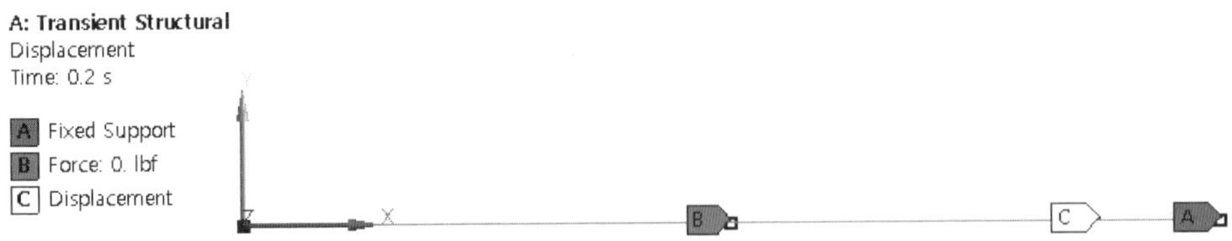

4단계 ▶ ANSYS Workbench 해석결과

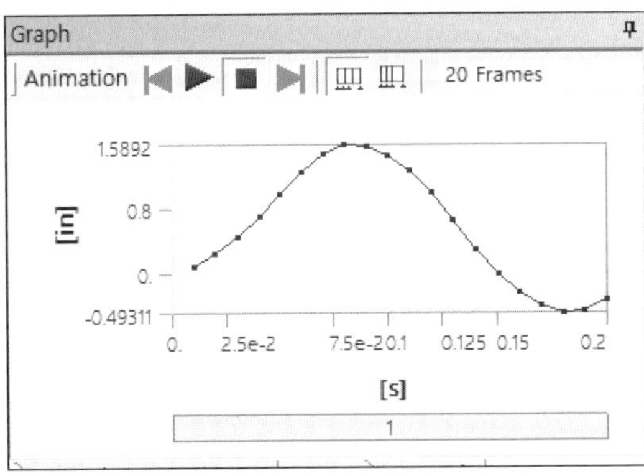

Tabular Data

	Time [s]	Minimum [in]	Maximum [in]
1	1.e-002	6.8387e-002	6.8387e-002
2	2.e-002	0.22905	0.22905
3	3.e-002	0.43711	0.43711
4	4.e-002	0.68885	0.68885
5	5.e-002	0.96778	0.96778
6	6.e-002	1.2477	1.2477
7	7.e-002	1.479	1.479
8	8.e-002	1.5892	1.5892
9	9.e-002	1.5652	1.5652
10	1.e-001	1.4538	1.4538
11	0.11	1.2717	1.2717
12	0.12	0.99353	0.99353

EXAMPLE | 11.7

그림 11.7과 같이 순수 구리로 만들어진 원형 냉각핀이 있다. 열전도계수 $k = 400\ \text{W/m}^{2}{}^{\circ}\text{C}$, 대류 열전달계수 $h = 150\ \text{W/m}^{2}{}^{\circ}\text{C}$, 밀도 $\rho = 8900\ \text{kg/m}^{3}$, 비열 $C = 375\ \text{j/kg}^{\circ}\text{C}$이다. 핀의 길이는 2 cm, 직경은 0.4 cm이며, 초기온도는 25°C이다. 핀의 오른쪽 끝은 단열되어 있고, 왼쪽 부분에 85°C의 열이 갑자기 가해진다. 길이가 같은 두 개의 요소를 사용하여, 3초까지 각 절점의 온도 변화를 해석하라.

Example 11.7

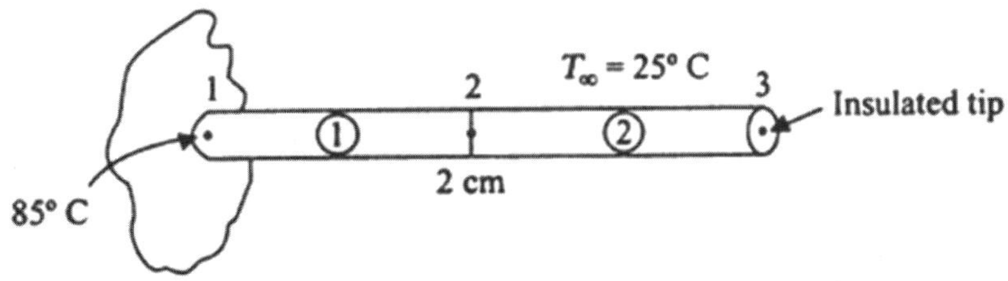

그림 11.7

1단계 ▶ 재료 물성치 정의

	A	B	C	D	E
1	Property	Value	Unit		
2	Material Field Variables	Table			
3	Density	8900	kg m^-3		
4	Isotropic Thermal Conductivity	400	W m^-1 C^-1		
5	Specific Heat, C_p	375	J kg^-1 C^-1		

2단계 ▶ 유한요소 모델의 생성

Details of "Edge Sizing" - Sizing

Scope	
Scoping Method	Geometry Selection
Geometry	5 Edges
Definition	
Suppressed	No
Type	Number of Divisions
Number of Divisions	1
Advanced	
Behavior	Soft
Bias Type	No Bias

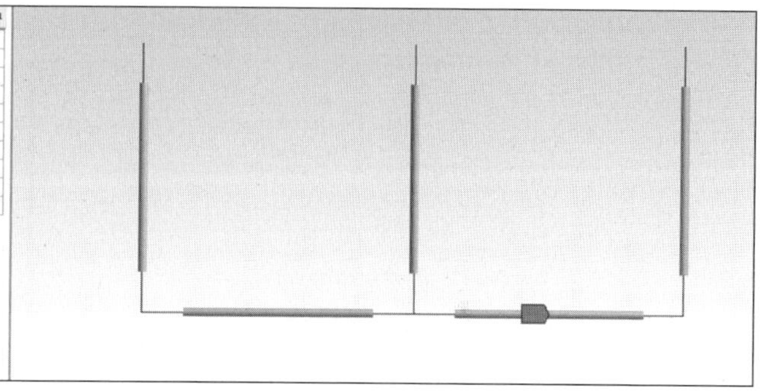

3단계 ▶ 경계조건의 적용

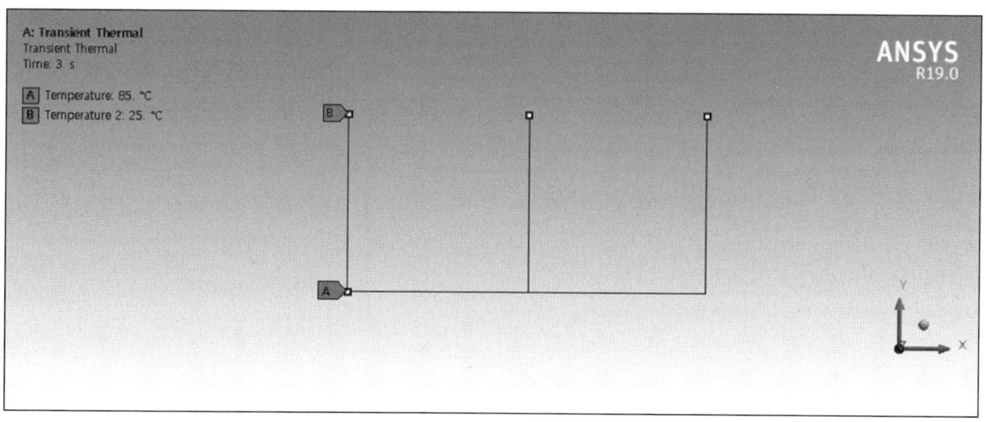

4단계 ▶ ANSYS Workbench 해석결과

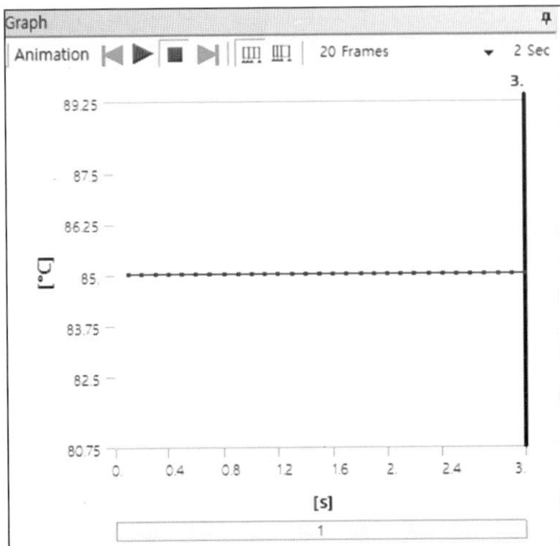

Tabular Data

	Time [s]	Minimum [°C]	Maximum [°C]	Average [°C]
1	0.1	85.	85.	85.
2	0.2	85.	85.	85.
3	0.3	85.	85.	85.
4	0.4	85.	85.	85.
5	0.5	85.	85.	85.
6	0.6	85.	85.	85.
7	0.7	85.	85.	85.
8	0.8	85.	85.	85.
9	0.9	85.	85.	85.
10	1.	85.	85.	85.
11	1.1	85.	85.	85.
12	1.2	85.	85.	85.
13	1.3	85.	85.	85.
14	1.4	85.	85.	85.
15	1.5	85.	85.	85.
16	1.6	85.	85.	85.
17	1.7	85.	85.	85.
18	1.8	85.	85.	85.
19	1.9	85.	85.	85.
20	2.	85.	85.	85.
21	2.1	85.	85.	85.
22	2.2	85.	85.	85.

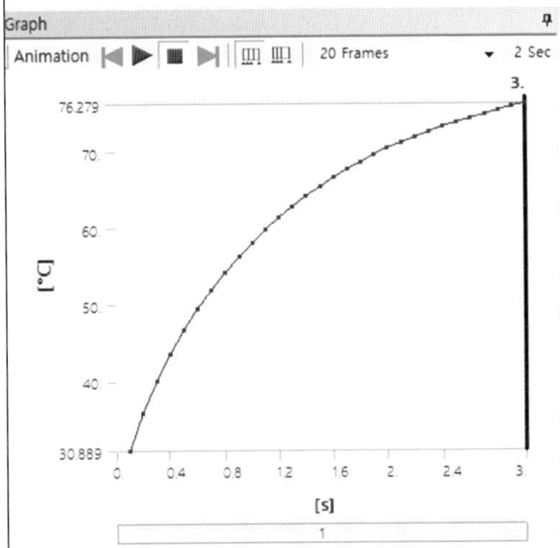

Tabular Data

	Time [s]	Minimum [°C]	Maximum [°C]	Average [°C]
1	0.1	30.889	30.889	30.889
2	0.2	35.801	35.801	35.801
3	0.3	39.97	39.97	39.97
4	0.4	43.566	43.566	43.566
5	0.5	46.711	46.711	46.711
6	0.6	49.495	49.495	49.495
7	0.7	51.985	51.985	51.985
8	0.8	54.231	54.231	54.231
9	0.9	56.27	56.27	56.27
10	1.	58.132	58.132	58.132
11	1.1	59.84	59.84	59.84
12	1.2	61.411	61.411	61.411
13	1.3	62.86	62.86	62.86
14	1.4	64.2	64.2	64.2
15	1.5	65.44	65.44	65.44
16	1.6	66.59	66.59	66.59
17	1.7	67.656	67.656	67.656
18	1.8	68.646	68.646	68.646
19	1.9	69.566	69.566	69.566
20	2.	70.421	70.421	70.421
21	2.1	71.215	71.215	71.215
22	2.2	71.954	71.954	71.954

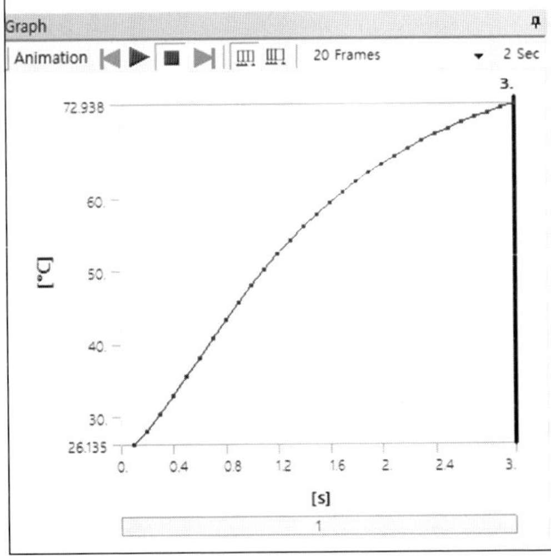

Tabular Data

	Time [s]	Minimum [°C]	Maximum [°C]	Average [°C]
1	0.1	26.135	26.135	26.135
2	0.2	27.993	27.993	27.993
3	0.3	30.289	30.289	30.289
4	0.4	32.828	32.828	32.828
5	0.5	35.474	35.474	35.474
6	0.6	38.138	38.138	38.138
7	0.7	40.758	40.758	40.758
8	0.8	43.297	43.297	43.297
9	0.9	45.73	45.73	45.73
10	1.	48.044	48.044	48.044
11	1.1	50.234	50.234	50.234
12	1.2	52.296	52.296	52.296
13	1.3	54.233	54.233	54.233
14	1.4	56.047	56.047	56.047
15	1.5	57.745	57.745	57.745
16	1.6	59.33	59.33	59.33
17	1.7	60.81	60.81	60.81
18	1.8	62.191	62.191	62.191
19	1.9	63.477	63.477	63.477
20	2.	64.676	64.676	64.676
21	2.1	65.792	65.792	65.792
22	2.2	66.832	66.832	66.832

CAE 전문 기업, 태성에스엔이

㈜태성에스엔이는 1988년 설립 이후 국내 CAE의 확산에 집중해온 기술력 위주의 CAE 전문 기업입니다. 지난 30년간 끊임없는 변화와 혁신을 통해 지속적인 성장을 이어 왔으며 현재는 다양한 분야의 엔지니어링 솔루션을 제공하기 위한 라인업 확장으로 항공우주, 자동차, 토목건축, 바이오 메디컬, 조선해양, 전기전자, 금속재료, 반도체, 에너지, 국방, 화공 분야 등 전 산업에서 고객과 함께 혁신적인 기술을 연구하고 이를 현장에 적용하고 있습니다.

전 산업에 걸친 엔지니어링 기반의 One Stop Total Solution을 제공하며 세계 수준의 기업으로 도약하기 위해 ㈜태성에스엔이 전 직원은 엔지니어의 아이디어가 현실이 되는 모든 공간에 최상의 솔루션을 제공하고 있습니다.

국내 최대 CAE 전문 기업이며 ANSYS의 Global Top-tier Channel Partner인 ㈜태성에스엔이는 축적된 경험과 최상의 기술력으로 고객 만족을 실현합니다.

엔지니어의 든든한 파트너, 태성에스엔이

❶ 기술 세미나 및 컨퍼런스 주최

- 산업군별, 해석 분야별 특성화된 기술 세미나 개최
- 공학용 소프트웨어를 활용한 해석 사례, 성공 사례 공유 및 아카데믹 경진대회 실시

❷ 기술 지원 및 Consulting 서비스 제공

- 연간 120여 건의 전문 해석 컨설팅 수행
- 풍부한 경험의 분야별 전문 엔지니어가 산업체 및 연구소 위탁 과제 / 국책 과제 수행

❸ 실무 중심의 차별화된 온 · 오프라인 교육

- 제품별, 수준별 60여 개의 교육 과정 운영
- 연간 6,000여 명의 교육 수료자 배출

태성에스엔이 공급제품 안내

㈜태성에스엔이는 대한민국 대표 CAE 플랫폼으로서 구조해석, 유동해석, 전자기장해석 등이 가능한 ANSYS 외 다양한 전문 해석 솔루션을 제공합니다.

구조해석

ANSYS DesignSpace
설계자와 해석 입문자를 위한 최적의 제품

ANSYS Mechanical Premium
비선형 응력과 포괄적인 Linear Dynamics 해석을 위한 제품

ANSYS LS-DYNA
아주 짧은 시간에 발생하는 극심한 하중에 대한 동적 거동을 해석하기 위한 제품

ANSYS nCode Designlife
피로해석 전문가를 위한 피로수명예측 전문 제품

ANSYS Mechanical Pro
일반적인 응력, 열, 진동, 피로해석을 위한 빠르고 정확한 솔루션

ANSYS Mechanical Enterprise
구조, 열, 연성 해석 전문가를 위한 최상위 제품

ANSYS Autodyn
폭발과 같이 순식간에 발생하는 압력거동에 따른 구조물 거동 분석을 위한 제품

ANSYS Customization Suite (ACS)
사용자 전용 환경 개발을 위한 ANSYS Toolkit

유동해석

ANSYS CFD Premium
ANSYS CFD Premium Solver
광범위한 해석분야에 적합한 숙련자용 솔루션

제품 리스트
- ANSYS Fluent
- ANSYS CFX
- HPC (4 Cores)
- SpaceClaim
- CFD PrePost

ANSYS CFD Enterprise
ANSYS CFD Enterprise Solver
최고난이도 해석 및 특화해석분야에 적합한 전문가용 솔루션

제품 리스트
- ANSYS CFD Premium
- AIM Pro Solver
- FENSAP-ICE
- Forte
- Polyflow
- Simplorer Entry
- AIM Pro PrepPost
- DesignXplorer
- ANSYS Customization Suite

전자기장해석

Electronics Desktop
전자계 / 회로 / 시스템 해석 데스크탑 통합 환경 제공

Q3D Extractor
전기 / 전자 기기의 2차원 / 3차원 기생 파라미터를 추출하는 제품

HFSS
고주파수의 안테나, 커넥터 등 고속 전자부품의 3D 전자기장 및 EMI / EMC 시뮬레이션 제품

Icepak
전기 / 자기 기기 및 PCB의 열유체 해석 전문 제품

Maxwell 2D / 3D
모터, 액추에이터, 변압기, 센서, 코일 등 2차원 / 3차원 전기 / 자기 기계의 전자기장 시뮬레이션 제품

SIwave
PCB 기판, BGA 패키지 SI / PI / EMI 해석 제품

태성에스엔이 공급제품 안내

공통제품군

ANSYS Discovery 제품군
설계자도 사용 가능한 구조/유동/전자기장 해석 솔루션
Discovery Live · AIM · SpaceClaim

ANSYS DesignModeler
구조/유동 해석 전용 3D 모델러

ANSYS DesignXplorer
설계 형상 최적화 전용 모듈(DOE)

ANSYS CAD Interface
상용 CAD와 ANSYS 간 모델링 호환 모듈

특화해석

KULI

1D Thermal Energy System Management Software

DAFUL

선형 및 비선형 구조 동역학 해석 소프트웨어

GRANTA Mi

재료정보 통합관리 시스템 소프트웨어

optiSLang

CAE 기반의 최적화 해석 및 확률 분석 소프트웨어

CMAS

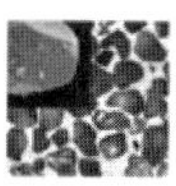

등가 물성 및 멀티스케일 해석 소프트웨어

ROCKY

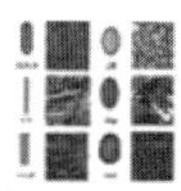

3차원 입자 전용 해석 소프트웨어

CETOL 6σ

제품 설계 향상을 위한 3차원 공차분석 소프트웨어

CES Selector

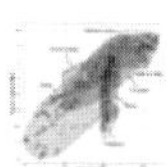

대규모 재료 물성 정보 및 그래프 분석을 위한 재료 DB 구축 소프트웨어

TofU

Actuator와 Solenoid 개발자를 위한 개발 소프트웨어

GTAM/GSAM

ANSYS Workbench 환경에서의 최적화 기능 통합 확장 팩